Show and Prove

3

수리논술을 위한

Advanced 미적분 & Advanced Theme

예제 해설 모음

Show and Prove

CHAPTER

1

미분의 활용

예제가 아닌 논제 해설들은 뒤에 있어요 :)

해설 1

$A(a, 0)$, $B(b, b^2+1)$ 에 대하여 삼각형 OAB 의 넓이는 $\frac{1}{2} \times a \times (b^2+1) = 4$ 이므로

$\frac{8}{a} = b^2+1 \geq 1$이고, $a \geq 1$ 이므로 종합하면 $1 \leq a \leq 8$ 임을 알 수 있다.

$t = 2a + b^2$ 로 놓으면, $t = 2a + \frac{8}{a} - 1$ 에서 $a = 2$ 일 때 t는 최솟값 7 을 갖고, $a = 8$ 일 때 최댓값 16 을 갖는다.

따라서 $f(t) = -t^2 + 20t$ $(7 \leq t \leq 16)$ 의 최댓값과 최솟값을 구하면 된다.
$f'(t) = -2t + 20$에서 $t = 10$ 에서 최댓값 $f(10)$ 을 가지고, $t = 16$ 에서 최솟값을 가진다.

그러므로, 최댓값 $M = f(10) = 100$, 최솟값 $m = f(16) = 64$ 이다.

해설 2

[기대T 추천답안] 매개변수를 활용하여 일변수함수로 만들기

$x^2+y^2=1$ 이므로 $x=\cos\theta$, $y=\sin\theta$ $(0\le\theta<2\pi)$로 둘 수 있다.

$$\begin{aligned}100x^2+240xy &= 100\cos^2\theta+240\cos\theta\sin\theta \\ &= 50+50\cos2\theta+120\sin2\theta \\ &= 50+130\times\sin(2\theta+\alpha)\ (\because \text{삼각함수 합성}[1]) \\ &\le 180 \text{ 이다. 따라서 최댓값은 } 180\text{이다.}\end{aligned}$$

[대학 예시답안] 이변수함수를 유지한 채, 절대부등식 활용할 방안 찾아보기

임의의 실수 p, q에 대하여 $(p-q)^2\ge0$에서 $p^2+q^2\ge2pq$이고 등호는 $p=q$에서 성립한다.

$p=ax$, $q=120\dfrac{y}{a}$을 대입하면, $240xy\le a^2x^2+120^2\dfrac{y^2}{a^2}$에서

$$100x^2+240xy\le(100+a^2)x^2+120^2\frac{y^2}{a^2}$$

이다. $100+a^2=\dfrac{120^2}{a^2}$이 되도록 하는 a^2을 찾으면[2]

$a^2=\dfrac{-100+\sqrt{100^2+4\times120^2}}{2}$이고 $100x^2+240xy\le\dfrac{100+\sqrt{100^2+4\times120^2}}{2}(x^2+y^2)=180$이다.

따라서 $100x^2+240xy$의 최댓값은 180이다.

---

1) 시리즈 1, 2편 참고

2) 관계식 $x^2+y^2=1$을 쓰기 위해 x^2과 y^2의 계수가 같게되는 a를 찾는 이 과정은, 문제를 풀기 위해 짜맞추는 행동에 속하는데, 기대T는 이런 것이 답안에 담기는 것을 긍정적으로 보지 않는다. 답안상에서 우리는 논리적이고 친절한 '천재'가 되라고 했던 1편의 조언을 상기시켜보자.

해설 3

삼각형 OAB, 삼각형 AOC, 사각형 ABOC의 넓이를 차례로, S_1, S_2, S_3이라 하자. 이때

$S_1 = \dfrac{ab(a-b)}{2}$, $S_2 = \dfrac{a-a^2}{2}$, $S_3 = S_1 + S_2$이다.

[1] $S_1 = \dfrac{ab(a-b)}{2} = -\dfrac{a}{2}\left(b-\dfrac{a}{2}\right)^2 + \dfrac{a^3}{8}$ 이므로 $b = \dfrac{a}{2}$일 때 S_1은 최댓값 $\dfrac{a^3}{8}$을 가진다.

[2] $S_3 = S_1 + S_2$, $S_1 \le \dfrac{a^3}{8}$, $S_2 = \dfrac{a-a^2}{2}$ 이므로 $S_3 \le \dfrac{a^3}{8} + \dfrac{a-a^2}{2} = \dfrac{a^3-4a^2+4a}{8}$ 이다.

$f(x) = x^3 - 4x^2 + 4x$ 라 하면 $f'(x) = 3x^2 - 8x + 4 = (3x-2)(x-2)$ 이다.

x	$\cdots$	$\dfrac{2}{3}$	$\cdots$
$f'(x)$	$+$	0	$-$
$f(x)$	↗	$\dfrac{32}{27}$	↘

그러므로 열린구간 $(0,\ 1)$에서 $f(x)$의 최댓값은 $\dfrac{32}{27}$ 이다. 즉, $S_3 \le \dfrac{4}{27}$ 이다.

실제로 $a = \dfrac{2}{3}$, $b = \dfrac{1}{3}$ 일 때 $S_3 = \dfrac{4}{27}$ 이므로, S_3의 최댓값은 $\dfrac{4}{27}$ 이다.

해설 4

먼저 $p(0)=1$ 임과 $x > -\frac{1}{n}$ 의 범위에서 $p(x)$ 가 양수임은 쉽게 알 수 있다. 이제 $x=0$ 을 포함하는 $x > -\frac{1}{n}$ 의 범위로 $p(x)$ 의 정의역을 제한하면 아무 문제없이[3] $\ln p(x)$ 를 생각할 수 있고,

$\ln p(x) = \sum_{k=1}^{n} \ln(1+kx)$ 를 얻는다.

양변을 미분하면

$$\frac{p'(x)}{p(x)} = \sum_{k=1}^{n} \frac{k}{1+kx}$$

이므로 $p'(0) = \sum_{k=1}^{n} k = \frac{n(n+1)}{2}$ 를 얻는다.

다시 한 번 위 식에서 양변을 미분하면

$$\frac{p''(x)}{p(x)} - \frac{\{p'(x)\}^2}{\{p(x)\}^2} = -\sum_{k=1}^{n} \frac{k^2}{(1+kx)^2}$$

이므로 $p''(0) = \{p'(0)\}^2 - \sum_{k=1}^{n} k^2$ 을 얻는다.

따라서 $p''(0) = \frac{n^2(n+1)^2}{4} - \frac{n(n+1)(2n+1)}{6} = \frac{n(n+1)(n-1)(3n+2)}{12}$ 이다.

해설 5

$f'(x) = e^{x-\frac{n}{4}\pi} \times \cos x - \sin x$ 이므로 $f'\left(\frac{n}{4}\pi\right) = 0$ 이기 위해서는 $\tan\left(\frac{n}{4}\pi\right) = 1$ 이어야 한다.

따라서 가능한 n은 1, 5, 9, 13, $\cdots$ 으로 등차수열을 이룬다. 하지만 $\cos x$ 앞에 $e^{x-\frac{n}{4}\pi}$ 가 곱해져 있어서 $x = \frac{n}{4}\pi$ 에서의 $f'(x)$ 부호변화를 관찰하기 까다롭다.[4] 이런 경우 $f''(x)$의 도움을 받자.

$f''\left(\frac{n}{4}\pi\right) = -\sin\left(\frac{n}{4}\pi\right) < 0$을 만족시키는 n은 1, 9, 17, $\cdots$ 일 때고, 이때가 $f(x)$가 극대가 되는 상황이다.

따라서 수열 $\{a_m\}$은 공차가 8인 등차수열 $a_m = 8m-7$이므로 $\sum_{k=1}^{10} a_k = 8 \times 55 - 70 = 370$이다.

3) 로그의 진수 조건을 해결할 수 있다.

4) 비록 $x = \frac{n}{4}\pi$ 주변에서 $e^{x-\frac{n}{4}\pi}$ 의 값이 1 부근에서 놀지만, 이를 1로 가볍게 처리해서는 안된다.

해설 6

[1] $1 < k < 3$을 만족하지 않는 k에 대하여 함수 $g(x)$는

- $k \le 1$인 경우 $g(x) \le 0 \ (1 < x < 3)$
- $k \ge 3$인 경우 $g(x) \ge 0 \ (1 < x < 3)$

이다.

따라서 곡선 $y = g(x)$와 x축 및 두 직선 $x = 1$, $x = 3$으로 둘러싸인 도형의 넓이는 (a)와 (b) 두 가지 경우 모두

$$\beta = \int_1^3 |g(x)|dx = \left| \int_1^3 g(x)dx \right| = |\alpha|$$

이다. 이는 조건 $|\alpha| \ne \beta$를 만족하지 않는다. 그러므로 $1 < k < 3$이다. (귀류법을 사용한 것)

[2] $h(x) = (x-1)(x-3)$이라 하면 조건으로부터 삼차함수 $g(x)$는

$g(x) = (x-1)(x-3)(x-k) = xh(x) - kh(x)$

이다. 따라서

$$\beta(k) = \begin{cases} k\int_1^3 h(x)dx - \int_1^3 xh(x)dx & (k < 1) \\ \int_1^k xh(x)dx - k\int_1^k h(x)dx - \int_k^3 xh(x)dx + k\int_k^3 h(x)dx & (1 \le k \le 3) \\ -k\int_1^3 h(x)dx + \int_1^3 xh(x)dx & (k > 3) \end{cases}$$

이다.

(i) $\int_1^3 h(x)dx < 0$이므로 구간 $(-\infty, 1)$에서 $\beta(k)$는 감소하고 구간 $(3, \infty)$에서 $\beta(k)$는 증가한다.

(ii) $1 \le k \le 3$인 경우, 제시문 (나)에 의하여

$$\frac{d\beta}{dk} = -\int_1^k h(x)dx + \int_k^3 h(x)dx$$

이다. 함수 $h(x)$는 $x = 2$를 대칭축으로 하는 이차함수이므로

$$k = 2\text{일 때, } \frac{d\beta}{dk} = 0$$

이다. 또한, $\dfrac{d^2\beta}{dk^2} = -2(k-1)(k-3)$ 이므로 $\beta''(2) > 0$이다.

따라서 제시문 (다)에 의하여 $\beta(k)$는 $k = 2$에서 극소이다.

그러므로 (i)과 (ii)를 종합해보면 $\beta(k)$는 $k = 2$일 때, 최솟값을 가진다. 한편, $k = 2$일 때, $\beta(k)$를 계산하면

$$\beta(k) = 2\int_1^2 (x^3 - 6x^2 + 11x - 6)dx$$

$$= 2\left[\frac{1}{4}x^4 - 2x^3 + \frac{11}{2}x^2 - 6x\right]_1^2 = \frac{1}{2}$$ 이다. 따라서 $\beta(k)$의 최솟값은 $\dfrac{1}{2}$이다.

[3] $1 < k < 3$이므로 , [2] 풀이에 의하여 β는 k에 대한 사차함수이고 $\beta(2) = \frac{1}{2}$, $\beta'(2) = 0$이므로

$m = -2$라 두면 주어진 식으로부터

$$\beta = \int_1^k xh(x)dx - k\int_1^k h(x)dx - \int_k^3 xh(x)dx + k\int_k^3 h(x)dx$$

$$= \frac{1}{2} + b(k-2)^2 + c(k-2)^4 \quad \left(\because a = \frac{1}{2}\right) \cdots ①$$

과 같이 둘 수 있다. 식 ①의 양변을 미분하면

$$\int_k^3 h(x)dx - \int_1^k h(x)dx = 2b(k-2) + 4c(k-2)^3 \cdots ②$$

②의 양변을 미분하면

$$-2(k-1)(k-3) = 2b + 12c(k-2)^2 \cdots ③$$

③의 양변을 미분하면

$$-4(k-2) = 24c(k-2) \cdots ④$$

이다. ③에 $k = 2$를 대입하여 풀면 $b = 1$ 이다.

④로부터 $c = -\frac{1}{6}$ 이다. 그러므로 $\beta = \frac{2}{3}$을 만족하는 k는 사차방정식 $\frac{2}{3} = \frac{1}{2} + (k-2)^2 - \frac{1}{6}(k-2)^4$

의 근이다. $X = (k-2)^2$이라 두고 위의 사차방정식을 정리하면

$$X^2 - 6X + 1 = 0$$

이 된다. $1 < k < 3$이므로 $0 \leq X < 1$이다. 따라서 $X^2 - 6X + 1 = 0$의 근은

$$X = 3 - 2\sqrt{2} = (\sqrt{2} - 1)^2 > 0$$

이다.

$$(k-2)^2 = 3 - 2\sqrt{2} \Leftrightarrow k^2 - 4k + 1 + 2\sqrt{2} = 0$$

이므로 근과 계수의 관계에 의해 k의 모든 값의 곱은 $1 + 2\sqrt{2}$이다. 즉, $p = 1$, $q = 2$이므로 $p + q = 3$이다.

해설 7

[1] $f'(1)=f(1)-5=a-5$이므로 $h(x)=(a-5)(x-1)+a=(a-5)x+5$이다.

[2] $u(x)=f(x)-5x$라 하면 $u'(x)=f'(x)-5 \geq 0$ ($\because$ 제시문(나)) 이므로 $x \geq 0$이면 $u(x) \geq u(0)$이다.
따라서 $x \geq 0$에서 $u(x)$의 최솟값은 $u(0)=f(0)-0=5$이다.

[3] $g(x)=f(x)-(a-5)x-5$이므로 $g'(x)=f'(x)-a+5=f(x^2)-5x^2-a+5$이다.
하지만 $g'(x)=0$인 x를 찾는 것이 불가능한 상황이므로, 이계도함수의 도움을 받아보자.

$$g''(x)=2xf'(x^2)-10x=2x(f'(x^2)-5) \geq 0 \ (\because \text{제시문(나)})$$

이므로 $g'(x)$는 감소하지 않는 함수이다.
$g'(1)=f(1)-5-a+5=0$이므로 $x \geq 1$에서 $g'(x) \geq 0$이고 $0 \leq x \leq 1$에서 $g'(x) \leq 0$이다.
따라서 $g(x)$는 $x=1$에서 최솟값 $g(1)=f(1)-h(1)=a-a=0$을 가진다.

x	$\cdots$	1	$\cdots$
$g'(x)$	≤ 0	0	≥ 0
$g(x)$	↘		↗

[4] $g(x)$는 $0 \leq x \leq 1$에서 증가하지 않는 함수이다. 따라서 $g(0) \geq g(x) \geq g(1)$가 성립한다.
그런데 $g(0)=0, g(1)=0$이므로 $g(x)=0$이다.
또한 이로부터 $f(x)=h(x)=(a-5)x+5$임을 알 수 있고, 제시문 (가)를 이용하면 $a-5=f'(0)=f(0)=5$이므로 $a=10$이다.

해설 8

[1] 구간 $[\alpha,\ \beta]$를 $n:m$ 으로 내분하는 점의 좌표를 $\gamma=\frac{m}{m+n}\alpha+\frac{n}{m+n}\beta$라 하자.
위로 볼록인 함수 $f(x)=\sin x$ (단, 정의역은 $[0,\ \pi]$) 에 대하여
곡선 $y=f(x)$ 위의 점 $\mathrm{P}(\alpha,\ \sin\alpha)$, 점 $\mathrm{Q}(\beta,\ \sin\beta)$를 이은 선분 PQ는 곡선보다 아래쪽에 있다. ($\because$ 제시문(가))
따라서

$$\frac{m}{m+n}\sin\alpha+\frac{n}{m+n}\sin\beta \leq f(\gamma)=\sin\left(\frac{m}{m+n}\alpha+\frac{n}{m+n}\beta\right)$$

이다. (〈그림 1〉 참고)

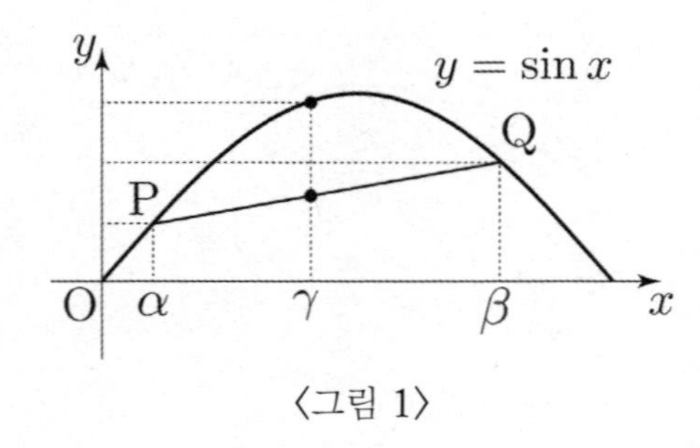

〈그림 1〉

TIP

원래는 수식적 증명을 해야 하지만, 제시문 (가)에서 이계도함수 관점에서의 볼록정의가 아닌 그래프 관점에서의 볼록정의를 제시해줬기 때문에 위처럼 그래프를 그려서 증명을 해줘도 무관했다.

[2] 젠센부등식 매운맛 Ver.③ 증명과정과 동일하게 진행하면 된다.

[3] 〈그림 2〉와 같이 반지름의 길이가 r인 원에 내접하는 n각형은 원의 중심 O에서 만나는 n개의 삼각형들로 분할할 수 있다.

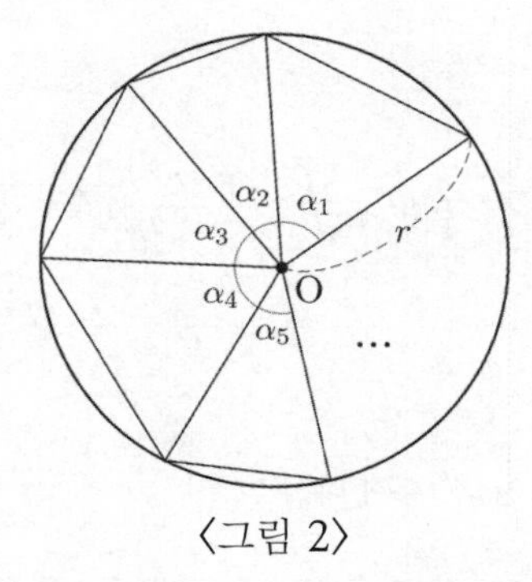

〈그림 2〉

n개의 삼각형에서의 ∠O의 크기를 각각 α_k라 하면, 각각의 삼각형의 넓이는 $\frac{1}{2}r^2\sin\alpha_k$이므로 n각형의 넓이는 $\sum_{k=1}^{n}\frac{1}{2}r^2\sin\alpha_k$이다. [2]의 부등식에 의하여

$$\sum_{k=1}^{n}\frac{1}{2}r^2\sin\alpha_k \le \frac{1}{2}r^2\times n\times \sin\left(\frac{\alpha_1+\cdots+\alpha_n}{n}\right)=\frac{nr^2}{2}\sin\frac{2\pi}{n}\quad\left(\because \sum_{k=1}^{n}\alpha_k=2\pi\right)$$

이 부등식에서 $\sum_{k=1}^{n}\frac{1}{2}r^2\sin\alpha_k$이 최대가 되려면 등호조건 $\alpha_1=\cdots=\alpha_n$을 성립시켜야 하므로 원에 내접하는 n각형 중 넓이가 가장 큰 것은 정n각형이다.

TIP

[2] 는 수학적 귀납법을 이용하여 증명했었는데, 이 문제에선 반드시 등호조건도 같이 가정해서 증명해야 한다.
다시 설명하면, n=k일 때를 가정할 때 부등식을 가정하는 것 뿐만 아니라 등호조건도 같이 가정한 후 n=k+1일 때 '부등식과 등호조건' 이 두 가지를 모두 증명해내는 것이 [2] 의 목표이다.
물론 [2]에서는 '부등식만 보이시오' 라고 되어있지만, [3] 을 풀기 위해서는 등호조건도 알아야만 정답이 나오므로 등호조건 역시 보여놔야 한다. (=다음 소문제를 위한 유기적 답안작성)

Show and Prove

CHAPTER

2

적분의 활용

예제가 아닌 논제 해설들은 뒤에 있어요 :)

1. 정답 : $\frac{\pi}{4}$

간단 해설 : $x-1=\tan\theta$ 로 치환 $dx=\sec^2\theta d\theta$, $\int_{-\frac{\pi}{4}}^{0}\frac{\sec^2\theta}{\sec^2\theta}d\theta=[\theta]_{-\frac{\pi}{4}}^{0}=\frac{\pi}{4}$

---

2. 정답 : $2(\sqrt{x}-1)e^{\sqrt{x}}$

간단 해설 : $\sqrt{x}=t$ 로 치환, $\int e^t 2tdt=2e^t(t-1)+C$

---

3. 정답 : $\ln\frac{e^x}{e^x+1}+C$

간단 해설 : $e^x+1=t$ 로 치환, $\int\frac{1}{t}\frac{1}{t-1}dt=\int\left(\frac{1}{t-1}-\frac{1}{t}\right)dt$

---

4. 정답 : $\frac{2\pi}{3}-\frac{\sqrt{3}}{2}$

간단 해설 : $\sqrt{4-x^2}=t$ 로 치환, $x^2=4-t^2$, $xdx=-tdt$, $t=2\sin\theta$로 치환

$$\int_1^2\frac{4-t^2}{t}\frac{t}{\sqrt{4-t^2}}dt=\int_{\frac{\pi}{6}}^{\frac{\pi}{2}}4\cos^2\theta d\theta=[\sin2\theta+2\theta]_{\frac{\pi}{6}}^{\frac{\pi}{2}}=\frac{2\pi}{3}-\frac{\sqrt{3}}{2}$$

---

5. 정답 : $-\cos x+\frac{2}{3}\cos^3x-\frac{1}{5}\cos^5x+C$

간단 해설 : $\int\sin x(1-\cos^2x)^2dx$, $\cos x=t$ 로 치환

---

6. 정답 : $-2\sqrt{x}\cos\sqrt{x}+2\sin\sqrt{x}+C$

간단 해설 : $\sqrt{x}=t$ 로 치환, $\int 2t\sin tdt$

---

7. 정답 : 2

간단 해설 : $\sqrt{1+\sin x}=\sqrt{\left(\sin^2\frac{x}{2}+2\sin\frac{x}{2}\cos\frac{x}{2}+\cos^2\frac{x}{2}\right)}=\left|\sin\frac{x}{2}+\cos\frac{x}{2}\right|$ 이므로

$\int_0^{\frac{\pi}{2}}\sqrt{1+\sin x}\,dx=\int_0^{\frac{\pi}{2}}\left(\sin\frac{x}{2}+\cos\frac{x}{2}\right)dx=2$ 이다.

---

8. 정답 : $\dfrac{m!\,n!}{(m+n+1)!}(\beta-\alpha)^{m+n+1}$

간단 해설 : $\displaystyle\int_{\alpha}^{\beta}(x-\alpha)^m(\beta-x)^n dx$

$$= \left[(x-\alpha)^m\left(-\frac{1}{n+1}(\beta-x)^{n+1}\right)-m(x-\alpha)^{m-1}\left(\frac{1}{n+1}\frac{1}{n+2}(\beta-x)^{n+2}\right)+\cdots \right.$$
$$\left. -m!\frac{1}{n+1}\frac{1}{n+2}\cdots\frac{1}{m+n+1}(\beta-x)^{m+n+1}\right]_{\alpha}^{\beta}$$

$$=\frac{m!\,n!}{(m+n+1)!}(\beta-\alpha)^{m+n+1}$$

---

9. 정답 : $-\dfrac{1}{4}\ln 3$

간단 해설 : $\displaystyle\int_0^{\frac{\pi}{4}}\frac{1}{\sin^2x-4\cos^2x}dx=\int_0^{\frac{\pi}{4}}\frac{1}{\tan^2x-4}\times\sec^2x\,dx$, $\tan x=t$로 치환한 후 부분분수 적분

해설 1

[1] $x+y=t$ 이므로 $x-y=e^{x+y}=e^t$이다. 이 두 식을 연립하면 $x=\dfrac{t+e^t}{2}$, $y=\dfrac{t-e^t}{2}$이다.

따라서 $g(t)=\dfrac{t-e^t}{2}$ 이다.

[2] $s=t+e^t$으로 치환적분하면

$$\int_1^{1+e}f\left(\frac{s}{2}\right)ds=\int_0^1 f\left(\frac{t+e^t}{2}\right)\times(1+e^t)dt$$
$$=\int_0^1\frac{t-e^t}{2}\times(1+e^t)dt\ \left(\because y=f(x)\Leftrightarrow\frac{t-e^t}{2}=f\left(\frac{t+e^t}{2}\right)\right)$$
$$=\frac{1}{2}\times\int_0^1(t+te^t-e^t-e^{2t})dt$$
$$=\frac{1}{2}\times\left[\frac{1}{2}t^2+(t-2)e^t-\frac{1}{2}e^{2t}\right]_0^1=\frac{1}{2}\times\left(\frac{1}{2}-e-\frac{1}{2}e^2+2+\frac{1}{2}\right)=\frac{-e^2-2e+6}{4}$$

임을 알 수 있다.

해설 2

$\tan\frac{x}{2}=t$로 치환하면

$$\int_{-\frac{\pi}{3}}^{\frac{\pi}{3}}\frac{1}{\cos x+\sin x+1}dx=\int_{-\frac{1}{\sqrt{3}}}^{\frac{1}{\sqrt{3}}}\frac{1}{\frac{1-t^2}{1+t^2}+\frac{2t}{1+t^2}+1}\times\frac{2}{1+t^2}dt$$

$$=\int_{-\frac{1}{\sqrt{3}}}^{\frac{1}{\sqrt{3}}}\frac{2}{1-t^2+2t+1+t^2}dt$$

$$=\int_{-\frac{1}{\sqrt{3}}}^{\frac{1}{\sqrt{3}}}\frac{1}{1+t}dt=\ln\left(\frac{1+\frac{1}{\sqrt{3}}}{1-\frac{1}{\sqrt{3}}}\right)=\ln\frac{4+2\sqrt{3}}{2}$$ 이다.

해설 3

$$\frac{(\sqrt{n}+1)^4+(\sqrt{n}+2)^4+(\sqrt{n}+3)^4+\ldots+(\sqrt{n}+n)^4}{(n+1)^4+(n+2)^4+(n+3)^4+\ldots+(n+n)^4}=\frac{\sum_{k=1}^{n}(\sqrt{n}+k)^4}{\sum_{k=1}^{n}(n+k)^4}=\frac{\frac{1}{n}\sum_{k=1}^{n}\left(\frac{\sqrt{n}}{n}+\frac{k}{n}\right)^4}{\frac{1}{n}\sum_{k=1}^{n}\left(1+\frac{k}{n}\right)^4}$$ 이다.

정적분과 급수의 합과의 관계를 이용하면,

$$\lim_{n\to\infty}\frac{1}{n}\sum_{k=1}^{n}\left(1+\frac{k}{n}\right)^4=\int_0^1(1+x)^4dx=\frac{31}{5}\quad\cdots ①$$ 이다.

또한

$$\frac{1}{n}\sum_{k=1}^{n}\left(\frac{\sqrt{n}}{n}+\frac{k}{n}\right)^4=\frac{1}{n}\sum_{k=1}^{n}\left(\frac{k}{n}\right)^4+\frac{4}{\sqrt{n}}\times\frac{1}{n}\sum_{k=1}^{n}\left(\frac{k}{n}\right)^3+\frac{6}{n}\times\frac{1}{n}\sum_{k=1}^{n}\left(\frac{k}{n}\right)^2+\frac{4}{n\sqrt{n}}\times\frac{1}{n}\sum_{k=1}^{n}\left(\frac{k}{n}\right)+\frac{1}{n^3}$$

이므로 $\lim_{n\to\infty}\frac{1}{n}\sum_{k=1}^{n}\left(\frac{\sqrt{n}}{n}+\frac{k}{n}\right)^4=\lim_{n\to\infty}\frac{1}{n}\sum_{k=1}^{n}\left(\frac{k}{n}\right)^4+0=\int_0^1x^4dx=\frac{1}{5}\quad\cdots ②$ 이다.

따라서

$$\lim_{n\to\infty}\frac{(\sqrt{n}+1)^4+(\sqrt{n}+2)^4+(\sqrt{n}+3)^4+\ldots+(\sqrt{n}+n)^4}{(n+1)^4+(n+2)^4+(n+3)^4+\ldots+(n+n)^4}$$

$$=\lim_{n\to\infty}\frac{\sum_{k=1}^{n}(k+\sqrt{n})^4}{\sum_{k=1}^{n}(n+k)^4}=\lim_{n\to\infty}\frac{\frac{1}{n^5}\times\sum_{k=1}^{n}(k+\sqrt{n})^4}{\frac{1}{n}\times\sum_{k=1}^{n}\left(1+\frac{k}{n}\right)^4}=\frac{\frac{1}{5}}{\frac{31}{5}}=\frac{1}{31}$$

임을 알 수 있다.

해설 4

$x,\ y>0$ 에 대하여 $\sqrt{x+y}<\sqrt{x}+\sqrt{y}$ 이므로 자연수 n 에 대하여

$$\frac{1}{n}\sum_{k=1}^{n}\sqrt{\frac{k}{n}}<\frac{1}{n}\sum_{k=1}^{n}\sqrt{\frac{k}{n}+a_n}<\frac{1}{n}\left[\sum_{k=1}^{n}\left(\sqrt{\frac{k}{n}}+\sqrt{a_n}\right)\right]$$

이 성립한다. 제시문 [라]에 의하여 $\lim_{n\to\infty}\frac{1}{n}\sum_{k=1}^{n}\sqrt{\frac{k}{n}}=\int_0^1\sqrt{x}\,dx=\frac{2}{3}$ 이고

$\lim_{n\to\infty}\frac{1}{n}\sum_{k=1}^{n}\sqrt{a_n}=\lim_{n\to\infty}\frac{n\times\sqrt{a_n}}{n}=0$ 이므로

$$\lim_{n\to\infty}\frac{1}{n}\sum_{k=1}^{n}\sqrt{\frac{k}{n}+a_n}\le\lim_{n\to\infty}\frac{1}{n}\left[\sum_{k=1}^{n}\left(\sqrt{\frac{k}{n}}+\sqrt{a_n}\right)\right]=\frac{2}{3}+0=\frac{2}{3}$$

이다. 따라서 제시문 [다]에 의하여 $\lim_{n\to\infty}\frac{1}{n}\sum_{k=1}^{n}\sqrt{\frac{k}{n}+a_n}=\frac{2}{3}$ 이다.

해설 5

$f'(2)=1$ 이므로 $f(x)=a(x-2)^2+(x-2)+f(2)$로 표현할 수 있다.5)

$\sin\left(\frac{x-2}{2}\right)$는 점 $(2,\ 0)$에 대한 점대칭이며, $a(x-2)^2+f(2)$는 직선 $x=2$에 대한 선대칭이므로

함수 $\{a(x-2)^2+f(2)\}\times\sin\left(\frac{x-2}{2}\right)$는 점 $(2,\ 0)$에 대한 점대칭함수를 이룬다.

따라서 $\int_{2-\pi}^{2+\pi}\{a(x-2)^2+f(2)\}\times\sin\left(\frac{x-2}{2}\right)dx=0$ 이다.

따라서 $\int_{2-\pi}^{2+\pi}f(x)\sin\left(\frac{x-2}{2}\right)dx=\int_{2-\pi}^{2+\pi}(x-2)\times\sin\left(\frac{x-2}{2}\right)dx$

$$=\int_{-\frac{\pi}{2}}^{\frac{\pi}{2}}2t\sin t\,dt\ \left(\because\ \frac{x-2}{2}=t\text{로 치환적분}\right)$$

$$=\left[-2t\cos t+2\sin t\right]_{-\frac{\pi}{2}}^{\frac{\pi}{2}}=4\ \text{이다.}$$

5) 본 시리즈 2편 다항함수 파트 참고

[1] 함수 $y=f(x)$ 의 그래프와 함수 $y=f^{-1}(x)$ 의 그래프는 직선 $y=x$ 에 대하여 대칭이고 조건 (b), (c)에 의해 $f(0)=0$, $f(1)=1$ 이므로 정적분과 넓이의 관계에 의하여

$\int_0^1 (f(x)+f^{-1}(x))dx=1$ 이다. 따라서

$\int_0^1 f^{-1}(x)dx=1-\int_0^1 f(x)dx=\frac{1}{3}$ 이고 $\int_0^1 g(x)dx=\frac{2}{3}-\frac{1}{3}=\frac{1}{3}$ 이다.

(물론, $\int_0^1 g(x)dx=2\int_0^1 f(x)dx-\int_0^2 (f(x)+f^{-1}(x))dx=\frac{1}{3}$ 으로도 구할 수 있다.)

[2] $y=f(x)$ 라 하면, 조건 (b)에 의해 $f^{-1}(y)+2=x+2=f^{-1}(y+2)$ 이고

$f^{-1}(-y)=-x=-f^{-1}(f(x))=-f^{-1}(y)$ 이다.

즉, f^{-1} 도 (b)를 만족시킨다.

$$\begin{aligned} g(x+1)+g(1-x) &= f(x+1)-f^{-1}(x+1)+f(1-x)-f^{-1}(1-x) \\ &= f(x-1)+2-f^{-1}(x-1)-2-f(x-1)+f^{-1}(x-1)=0 \end{aligned}$$

이다.

[3] (b)로부터 $f(0)=f^{-1}(0)=0$, $f(1)=f^{-1}(1)=1$ 이고 $g(0)=0=g(1)$ 이다.

한편, $0=g(x_0)$ 인 $x_0\in(0,1)$ 이라고 한다면

$0=g(x_0)=f(x_0)-f^{-1}(x_0) \Leftrightarrow f(x_0)=f^{-1}(x_0) \Leftrightarrow f(f(x_0))=x_0$

이다. 이때, $f(0)=0$, $f(1)=1$ 이고 $f(x)$ 는 역함수를 갖기 때문에 증가함수이다.

만약 $f(x_0)\geq x_0$ 이면 $x_0=(f\circ f)(x_0)\geq f(x_0)$ 이고 이는 $f(x_0)=x_0$ 이다.

같은 방법으로 $f(x_0)\leq x_0$ 일 때도 $f(x_0)=x_0$ 를 보일 수 있다. 조건 (c)로부터 $x_0\in(0,1)$ 는 모순이다.

따라서 닫힌구간 $[0,1]$ 에서 $g(x)=0$ 의 실근은 0과 1뿐이다.

[4] [2] 풀이 과정에서 구한 $f^{-1}(-x)=-f^{-1}(x)$ 이므로 $g(x)=-g(-x)$ 이고 [2] 에 의하여

$g(x+1)=-g(1-x)$ 이 성립하므로 x 대신에 $x+1$을 대입하면

$g(x+2)=-g(-x)=g(x)$이 성립한다. 즉, $g(x+2)=g(x)$

$$\int_0^{20} x^2|g(x)|dx=\sum_{k=0}^{9}\int_{2k}^{2k+2} x^2|g(x)|dx$$

$$=\sum_{k=0}^{9}\int_0^2 (t+2k)^2|g(t)|dt \qquad (\because g(x+2)=g(x),\ x=2k+t \text{ 치환})$$

$$=\sum_{k=0}^{9}\left(\int_0^1 (t+2k)^2|g(t)|dt+\int_1^2 (t+2k)^2|g(t)|dt\right)$$

$$=\sum_{k=0}^{9}\left(\int_0^1 (t+2k)^2|g(t)|dt+\int_0^1 (s+2k+1)^2|g(1-s)|ds\right) (\because t=s+1 \text{ 치환 \& [2]})$$

$$=\sum_{k=0}^{9}\int_0^1 \{(r+2k)^2+(-r+2k+2)^2\}|g(r)|dr \ (\because r=1-s \text{ 치환})$$

[3]과 조건 (d)에 의해 $g(x)$는 열린구간 $(0, 1)$에서 양수이므로

$$\int_0^{20} x^2 |g(x)| dx = 8\left(\int_0^1 g(x)dx\right)\sum_{k=0}^{9}(k^2+k) + 10\int_0^1 (4-4x+2x^2)g(x)dx$$

이다. [1]에서 구한 $\int_0^1 g(t)dt = \frac{1}{3}$를 이용하면

$\int_0^{20} x^2 |g(x)| dx = \frac{8}{9}\times 10\times 9\times 11 + 10\int_0^1 (4-4x+2x^2)g(x)dx$ 이고

$\int_0^{20} x^2 |g(x)| dx = 880 + \int_0^1 (40-40x+19x^2)g(x)dx$ 이므로 답은 880이다.

해설 7

[1] $y = x^2$에서 $y' = 2x$이므로 구간 $[t,\ p(t)]$에서 곡선의 길이는

$$\int_t^{p(t)} \sqrt{1+(y')^2}\,dx = \int_t^{p(t)} \sqrt{1+4x^2}\,dx = 1 \quad \cdots ①$$

이다.

$\sqrt{1+4x^2}$이 구간 $[t, p(t)]$에서 증가하는 연속함수이므로 제시문 (다)에 의해

$$\{p(t)-t\}\sqrt{1+4t^2} < \int_t^{p(t)} \sqrt{1+4x^2}\,dx < \{p(t)-t\}\sqrt{1+4\{p(t)\}^2}$$

이다. ①에 의해 $\{p(t)-t\}\sqrt{1+4t^2} < 1 < \{p(t)-t\}\sqrt{1+4\{p(t)\}^2}$

이고 이 부등식을 정리하면 $\frac{1}{\sqrt{1+4\{p(t)\}^2}} < p(t)-t < \frac{1}{\sqrt{1+4t^2}}$ $\cdots$ ② 이다.

$\lim_{t\to\infty}\frac{1}{\sqrt{1+4t^2}} = 0$ 이고, $\lim_{t\to\infty} p(t) = \infty$ 이므로 $\lim_{t\to\infty}\frac{1}{\sqrt{1+4\{p(t)\}^2}} = 0$ 이다.

따라서 제시문 (나)에 의해 $\lim_{t\to\infty}\{p(t)-t\} = 0$ 이다.

[2] [1]에서 $\lim_{t\to\infty}\{p(t)-t\} = 0$ 이고, $\lim_{t\to\infty} p(t) = \infty$ 이므로

$\lim_{t\to\infty}\{p(t)-t\}\times\frac{1}{p(t)} = \lim_{t\to\infty}\left\{1-\frac{t}{p(t)}\right\} = 0$ 이다. 따라서 $\lim_{t\to\infty}\frac{t}{p(t)} = 1$ 이고 $\lim_{t\to\infty}\frac{p(t)}{t} = 1$ $\cdots$ ③

이다. ②의 각 변에 t를 곱하면, $\frac{t}{\sqrt{1+4\{p(t)\}^2}} < t\{p(t)-t\} < \frac{t}{\sqrt{1+4t^2}}$ 이다.

$\lim_{t\to\infty}\frac{t}{\sqrt{1+4\{p(t)\}^2}} = \lim_{t\to\infty}\frac{1}{\sqrt{\frac{1}{t^2}+4\left\{\frac{p(t)}{t}\right\}^2}} = \frac{1}{2}$ 이고, $\lim_{t\to\infty}\frac{t}{\sqrt{1+4t^2}} = \lim_{t\to\infty}\frac{1}{\sqrt{\frac{1}{t^2}+4}} = \frac{1}{2}$ 이므로

제시문 (나)에 의해 $\lim_{t\to\infty} t\{p(t)-t\} = \frac{1}{2}$ 이다.

[3] ①의 양변을 t에 대하여 미분하면 $\sqrt{1+4\{p(t)\}^2} \times p'(t) - \sqrt{1+4t^2} = 0$

식을 정리하면 $\{p'(t)\}^2 = \dfrac{1+4t^2}{1+4\{p(t)\}^2}$ 이고,

$$1-\{p'(t)\}^2 = 1-\frac{1+4t^2}{1+4\{p(t)\}^2} = \frac{4\{p(t)\}^2-4t^2}{1+4\{p(t)\}^2} = \frac{4\{p(t)+t\}\{p(t)-t\}}{1+4\{p(t)\}^2} \text{ 이다.}$$

한편 [1] 에서의 부등식

$$\{p(t)-t\}\sqrt{1+4t^2} < \int_t^{p(t)} \sqrt{1+4x^2}\,dx < \{p(t)-t\}\sqrt{1+4\{p(t)\}^2}$$

에서 각 변을 $p(t)-t$로 나누면

$$\sqrt{1+4t^2} < \frac{\int_t^{p(t)} \sqrt{1+4x^2}\,dx}{p(t)-t} < \sqrt{1+4\{p(t)\}^2}$$

이고 평균값정리에 의해 $\dfrac{\int_t^{p(t)} \sqrt{1+4x^2}\,dx}{p(t)-t} = \sqrt{1+4c^2}$ 인 c가 t와 $p(t)$ 사이에 존재한다.

즉, $\int_t^{p(t)} \sqrt{1+4x^2}\,dx = \{p(t)-t\}\sqrt{1+4c^2}$ 을 만족하는 c가 $t<c<p(t)$에 존재한다.

①에 의해 $\{p(t)-t\}\sqrt{1+4c^2} = 1$ 이고, 양변을 $\sqrt{1+4c^2}$ 으로 나누면 $p(t)-t = \dfrac{1}{\sqrt{1+4c^2}}$ 이므로

$$1-\{p'(t)\}^2 = \frac{4\{p(t)+t\}}{1+4\{p(t)\}^2} \times \frac{1}{\sqrt{1+4c^2}} \text{ 이다.}$$

따라서 $\lim_{t\to\infty} t^2[1-\{p'(t)\}^2] = \lim_{t\to\infty} \dfrac{4t^2\{p(t)+t\}}{1+4\{p(t)\}^2} \times \dfrac{1}{\sqrt{1+4c^2}}$ 이다.

우변의 분모, 분자를 $\{p(t)\}^3$ 으로 나누어 정리하면

$$\lim_{t\to\infty} t^2[1-\{p'(t)\}^2] = \lim_{t\to\infty} \frac{4\left\{\dfrac{t}{p(t)}\right\}^2\left\{1+\dfrac{t}{p(t)}\right\}}{\dfrac{1}{\{p(t)\}^2}+4} \times \frac{1}{\sqrt{\dfrac{1}{\{p(t)\}^2}+4\left\{\dfrac{c}{p(t)}\right\}^2}}$$

이다.

한편 $t<c<p(t)$ 에서 $\dfrac{t}{p(t)} < \dfrac{c}{p(t)} < 1$ 이고 ③과 제시문(나)에 의해 $\lim_{t\to\infty} \dfrac{c}{p(t)} = 1$ 이다.

따라서

$$\lim_{t\to\infty} t^2[1-\{p'(t)\}^2] = \frac{4\times1^2\times(1+1)}{4} \times \frac{1}{\sqrt{4\times1^2}} = 1$$

이다.

Show and Prove

CHAPTER

3

Advanced 미적분

예제가 아닌 논제 해설들은 뒤에 있어요 :)

해설 1

주어진 식 $f(20-x)=\sqrt{-x^2+20x-2(f(x))^2}$ 을 제곱하여

$$2\{f(x)\}^2+\{f(20-x)\}^2=-x^2+20x \cdots ①$$

를 얻는다. 위 식의 양변에 2를 곱하여

$$4\{f(x)\}^2+2\{f(20-x)\}^2=-2x^2+40x \cdots ②$$

를 얻고, ①식에 x 대신 $20-x$를 대입하여

$$2\{f(20-x)\}^2+\{f(x)\}^2=-(20-x)^2+20(20-x)=-x^2+20x \cdots ③$$

를 얻는다. ②식에서 ③식을 빼면

$$3\{f(x)\}^2=-x^2+20x=100-(x-10)^2$$

이다. 따라서

$$f(x)=\frac{1}{\sqrt{3}}\sqrt{100-(x-10)^2}$$

이다.

$$\int_0^{10} xf(x)dx=\int_0^{10}\frac{x}{\sqrt{3}}\sqrt{100-(x-10)^2}\,dx$$

에서 $u=\dfrac{x-10}{10}$ 으로 치환하여 적분을 계산한다.

$$\int_0^{10} xf(x)dx=\int_0^{10}\frac{x}{\sqrt{3}}\sqrt{100-(x-10)^2}\,dx=\frac{1000}{\sqrt{3}}\int_{-1}^{0}(u+1)\sqrt{1-u^2}\,du$$

$$=\frac{1000}{\sqrt{3}}\left(\int_{-1}^{0}\sqrt{1-u^2}\,du+\int_{-1}^{0}u\sqrt{1-u^2}\,du\right)=\frac{1000}{\sqrt{3}}\left(\frac{\pi}{4}-\frac{1}{3}\right)$$

이다.

해설 2

[1] 주어진 (나) 식에 $b=\frac{1}{2}$ 을 대입하면

$g\left(a+\frac{1}{2}\right)+g\left(a-\frac{1}{2}\right)=2g(a)\cos\frac{\pi}{2}=0$ 이므로 $g\left(a+\frac{1}{2}\right)=-g\left(a-\frac{1}{2}\right)$ 이다.

a 자리에 $a+\frac{3}{2}$, $a+\frac{1}{2}$ 를 대입하면 $g(a+2)=-g(a+1)$, $g(a+1)=-g(a)$ 이므로

$g(a+2)=g(a)$ 임을 알 수 있다. 따라서 $g(0)=g(2)=\cdots=g(2020)=1$ 이다.

한편, 주어진 (나) 식에 $a=0, b=x$ 를 대입하면 $g(x)+g(-x)=2g(0)\cos\pi x=2\cos\pi x$ 이다.

이 식을 구간 $\left[-\frac{1}{2}, \frac{1}{2}\right]$ 에서 적분하면, $\int_{-\frac{1}{2}}^{\frac{1}{2}} g(x)dx+\int_{-\frac{1}{2}}^{\frac{1}{2}} g(-x)dx=2\int_{-\frac{1}{2}}^{\frac{1}{2}}\cos\pi x dx=\frac{4}{\pi}$ 이다.

$-x=t$ 로 치환적분하면 $\int_{-\frac{1}{2}}^{\frac{1}{2}} g(-x)dx=\int_{-\frac{1}{2}}^{\frac{1}{2}} g(t)dt$ 이므로, $\int_{-\frac{1}{2}}^{\frac{1}{2}} g(x)dx=\frac{2}{\pi}$ 임을 알 수 있다.

적분구간의 평균이 0이므로, $g(x)$에 대한 식 대신 $g(x)+g(-x)=2\cos\pi x$ 을 구하는 것만으로도 충분했다.

[2] $a=0, b=x$ 를 대입하면 $g(x)+g(-x)=2\cos\pi x$ ⋯ ①

이고, $a=x+\frac{1}{2}, b=\frac{1}{2}$ 을 대입하면 $g(x+1)+g(x)=0$ ⋯ ②

이다. 이 식에 $a=\frac{1}{2}, b=x+\frac{1}{2}$ 을 대입하면

$g(x+1)+g(-x)=2g\left(\frac{1}{2}\right)\cos\pi\left(x+\frac{1}{2}\right)=-2g\left(\frac{1}{2}\right)\sin\pi x$ ⋯ ③ 이고,

①과 ②를 더한 식에 ③을 빼면 $g(x)=\cos\pi x+g\left(\frac{1}{2}\right)\sin\pi x$ 임을 알 수 있다.

이 식의 x 에 각각 $\frac{1}{3}, -\frac{1}{3}$ 을 대입하면

$g\left(\frac{1}{3}\right)=\cos\frac{\pi}{3}+g\left(\frac{1}{2}\right)\sin\frac{\pi}{3}=\frac{1}{2}+\frac{\sqrt{3}}{2}g\left(\frac{1}{2}\right)$

$g\left(-\frac{1}{3}\right)=\cos\left(-\frac{\pi}{3}\right)+g\left(\frac{1}{2}\right)\sin\left(-\frac{\pi}{3}\right)=\frac{1}{2}-\frac{\sqrt{3}}{2}g\left(\frac{1}{2}\right)$ 이므로,

$g\left(\frac{1}{3}\right)g\left(-\frac{1}{3}\right)=\frac{1}{4}-\frac{3}{4}\left\{g\left(\frac{1}{2}\right)\right\}^2=\frac{1}{10}$ 임을 알 수 있다. 따라서 $\left\{g\left(\frac{1}{2}\right)\right\}^2=\frac{1}{5}$ 이다.

해설 3

[1] $f(x)$가 양의 값을 가지므로 $x=y=0$을 대입하면 $f(0)=1$이다.

식 $f(x+y)=f(x)f(y)e^{2xy}$ 양변에 ln을 취하고 $P(x)=\ln f(x)$라고 하면 $P(x)$는

$P(x+y)=P(x)+P(y)+2xy$ …… ①

과 $P'(0)=\dfrac{f'(0)}{f(0)}=0$, $P(0)=\ln f(0)=0$을 만족한다.

> **TIP**
>
> $P(x)$ 치환이 필수는 아니지만, 이렇게 함수치환을 하면 도함수의 정의를 좀 더 쉽게 관찰해낼 수 있게 된다.
> 또한 문제에서 '양의 값을 갖는 함수' 라는 조건 역시 ln을 떠올리게 해주는 Hint 이기도 하다.

식 ①에 $y=h$를 대입하면

$\dfrac{P(x+h)-P(x)}{h}=2x+\dfrac{P(h)}{h}$ 에서 $P(x)$가 미분가능하고 $P'(0)=0$이므로 h가 0으로 가는 극한을 생각하면

$$\lim_{h\to 0}\frac{P(x+h)-P(x)}{h}=2x+\lim_{h\to 0}\frac{P(h)}{h}=2x+\lim_{h\to 0}\frac{P(h)-P(0)}{h-0}=2x+P'(0)=2x$$

에서 $P'(x)=2x$이고 $P(0)=0$이므로 $P(x)=\ln f(x)=x^2$이 된다. 따라서 $f(x)=e^{x^2}$이다.

[2] $f(x)=e^{x^2}$이므로 $g'(f(x))f'(x)=2x(1+2x^2)e^{2x^2}$이다. 치환적분을 이용한 정적분에 의해

$f(0)=1$, $g(1)=0$에서 $g(f(x))=g(f(x))-g(f(0))=\displaystyle\int_0^x g'(f(t))f'(t)dt=2\int_0^x t(1+2t^2)e^{2t^2}dt$

이다. $f(1)=e$이므로 $g(e)=2\displaystyle\int_0^1 t(1+2t^2)e^{2t^2}dt$이다. $y=f(t)=e^{t^2}$으로 치환하면

$1+2t^2=1+2\ln y$, $\dfrac{dy}{dt}=2te^{t^2}$ 이므로

$g(e)=2\displaystyle\int_0^1 t(1+2t^2)e^{2t^2}dt=\int_0^1 e^{t^2}(1+2t^2)2te^{t^2}dt=\int_1^e y(1+2\ln y)dy$ 를 얻는다.

정적분에 대한 부분적분법에 의해서 $\displaystyle\int_1^e y\ln y\,dy=\left[\frac{y^2}{2}\ln y\right]_1^e-\int_1^e\frac{y}{2}dy$ 이므로

$g(e)=2\displaystyle\int_1^e y\ln y\,dy+\int_1^e y\,dy=2\left[\frac{y^2}{2}\ln y\right]_1^e=e^2$이다.

[3] $s=x-t$라고 하면 $\displaystyle\int_0^x tf(x-t)h(x-t)dt=\int_0^x(x-s)f(s)h(s)ds=f(x)-1$에서

$f(x)=e^{x^2}$이므로 $\displaystyle\int_0^x(x-t)e^{t^2}h(t)dt=e^{x^2}-1$ …… ② 이다.

$\displaystyle\int_0^x(x-t)e^{t^2}h(t)dt=x\int_0^x e^{t^2}h(t)dt-\int_0^x te^{t^2}h(t)dt$ 에서 ②의 양변을 x로 미분하면

$\displaystyle\int_0^x e^{t^2}h(t)dt=2xe^{x^2}$이고, 이 식을 다시 x로 미분하면 $e^{x^2}h(x)=(4x^2+2)e^{x^2}$에서 $h(x)=4x^2+2$이다.

해설 4

[1] 일차함수 $f(x)=ax+b\ (a\neq 0)$ 가 주어진 조건을 만족한다면, 임의의 x, y 에 대하여

$$\{f(xy)\}^2 = (axy+b)^2 = a^2x^2y^2+b^2+2abxy,$$
$$f(x^2)f(y^2)=(ax^2+b)(ay^2+b)=a^2x^2y^2+abx^2+aby^2+b^2$$

이므로

$$a^2x^2y^2+b^2+2abxy = a^2x^2y^2+abx^2+aby^2+b^2$$

따라서

$$0=ab(x^2+y^2-2xy)=ab(x-y)^2$$

이고 $a\neq 0$ 이므로 $b=0$ 이다. 즉, 주어진 조건을 만족하는 일차함수는 $f(x)=ax\ (a\neq 0)$ 이다.

[2] $g(x)=ax^k+f(x)$ 가 주어진 조건을 만족한다고 가정하자. (귀류법의 시작)
그러면 임의의 x, y 에 대하여

$$\{g(xy)\}^2 = \{a(xy)^k+f(xy)\}^2 = a^2(xy)^{2k}+\{f(xy)\}^2+2a(xy)^kf(xy),$$
$$g(x^2)g(y^2)=\{ax^{2k}+f(x^2)\}\{ay^{2k}+f(y^2)\}=a^2(xy)^{2k}+f(x^2)f(y^2)+ay^{2k}f(x^2)+ax^{2k}f(y^2)$$

이고, $\{f(xy)\}^2=f(x^2)f(y^2)$이므로

$$2a(xy)^kf(xy)=ax^{2k}f(y^2)+ay^{2k}f(x^2)$$

이 성립함을 알 수 있다. 다시 양변을 제곱하면

$$4a^2x^{2k}y^{2k}\{f(xy)\}^2=a^2x^{4k}\{f(y^2)\}^2+a^2y^{4k}\{f(x^2)\}^2+2a^2x^{2k}y^{2k}f(x^2)f(y^2)$$

이고, $\{f(xy)\}^2=f(x^2)f(y^2)$ 을 이용하여 정리하면

$$a^2\{x^{2k}f(y^2)-y^{2k}f(x^2)\}^2=0$$

이 성립함을 알 수 있다. 따라서, 임의의 x, y 에 대하여

$$x^{2k}f(y^2)-y^{2k}f(x^2)=0 \cdots (*)$$

여야 한다. 한편, $f(x)$가 $(k-1)$차 함수 $(k\geq 2)$ 이므로 $f(p^2)\neq 0$ 인 p^2이 반드시 존재한다.
따라서 이 p와 임의의 y에 대하여 다음이 성립한다.

$p^{2k}f(y^2)-y^{2k}f(p^2)=0$ (cf. (*)의 식에 $x=p$를 대입한 것)

즉, $p^{2k}f(y^2)=y^{2k}f(p^2) \cdots (**)$

하지만 (**)의 우변은 y에 대한 $(2k)$차 함수이며, 좌변은 y에 대한 $(2k-2)$차 함수이므로 모순이다.
따라서 귀류법에 의하여 주어진 조건을 만족하는 $g(x)=ax^k+f(x)$ 는 존재하지 않는다.

[3] 임의의 y 에 대하여 $\{f(0)\}^2=f(0)f(y^2)$ 이므로, 만약 $f(0)\neq 0$ 면 $f(y)=f(0)$. 한편 $f(x)$ 가 상수함수가 아니므로 $f(0)=0$ 임을 알 수 있다.
이제 $f(x)$ 를 k 차 다항함수라 하자. $f(0)=0$ 이므로, 인수정리 (나머지정리)에 의해 적당한 $(k-1)$ 차 다항함수 $g(x)$ 에 대해

$$f(x)=x\,g(x)$$

한편 임의의 x, y 에 대하여 $\{f(xy)\}^2=f(x^2)f(y^2)$이므로

$$(xy)^2\{g(xy)\}^2 = x^2g(x^2)y^2g(y^2)=(xy)^2g(x^2)g(y^2)$$

따라서 $(k-1)$ 차 다항함수 $g(x)$ 역시 주어진 조건을 만족한다. 다시 $g(x)$ 가 상수함수가 아니므로 $g(0)=0$ 임을 알 수 있다. 따라서 $g(x)$ 역시 x 를 약수로 가짐을 알 수 있다. 결국 위의 방법을 반복하면

$$f(x)=ax^k\ (a\neq 0)$$

한편, $a=f(1)=2019$ 이므로 $f(x)=2019x^k$ 이다.

해설 5

[1] $\frac{f'(x)}{f(x)}=-\frac{x}{2}$ 이므로 $\ln f(x)=-\frac{x^2}{4}+C$ (C는 적분상수)이다. 그러므로 $f(x)=e^C\times e^{-\frac{x^2}{4}}$ 이다.

조건에서 $f(x)>0$ 이고 $f'(x)=-\frac{x}{2}f(x)$ 이므로 $x<0$ 에서는 $f'(x)>0$ 이고 $x>0$ 에서는

$f'(x)<0$ 이다. 따라서 $x=0$ 에서 극대이고 이 때 극댓값 $f(0)=e^C=1$ 이므로 $f(x)=e^{-\frac{x^2}{4}}$ 이다.

[2] $g(x)=x^2$, $h(x)=f(x)$ 라 놓으면, 박스의 조건에 의하여 $\int_1^2 x^2 f(x)dx=f(c)\int_1^2 x^2 dx$ 를 만족하는

$c\in(1,\ 2)$ 가 존재하고 $f(x)$ 는 $[1,\ 2]$ 에서 감소함수이므로

$\int_1^2 x^2 f(x)dx=f(c)\int_1^2 x^2 dx=f(c)\left(\frac{8}{3}-\frac{1}{3}\right)<f(1)\times\frac{7}{3}=e^{-\frac{1}{4}}\times\frac{7}{3}=\frac{7}{3\sqrt[4]{e}}$ 이다.

해설 6

[1] $f'(x)=\sqrt{\{f(x)\}^2+1}$ 이고, $\{f'(x)\}^2=\{f(x)\}^2+1$ 이다. ($cf.\ f'(x)>0$)

이 식을 다시 미분하면 $2f'(x)\times f''(x)=2f(x)f'(x)$, 즉 $f''(x)=f(x)$ 임을 알 수 있다.

이 식의 양변에 $f'(x)$를 더하면

$$f''(x)+f'(x)=f(x)+f'(x)$$

이고, $f(x)+f'(x)=f(x)+\sqrt{\{f(x)\}^2+1}>0$ 이므로 양변을 $f(x)+f'(x)$로 나누면

$$\frac{f'(x)+f''(x)}{f(x)+f'(x)}=1$$

이다. (앞에서 배운 ln 적분형태 만들기에 해당)

양변을 부정적분하면 $\int\frac{f'(x)+f''(x)}{f(x)+f'(x)}dx=\int 1dx$ 이므로, 따라서

$$\ln\{f(x)+f'(x)\}=x+C \text{ (단, } C\text{는 적분상수)}$$

여기서 $f(0)=\int_0^0\sqrt{\{f(t)\}^2+1}\,dt=0$, $f'(0)=\sqrt{\{f(0)\}^2+1}=1$이므로

$\ln\{f(0)+f'(0)\}=\ln 1=C=0$ 이 성립한다. 그러므로 $\ln\{f(x)+f'(x)\}=x$이다. 따라서

$\underline{f(x)+f'(x)=e^x}$ 이다.

(*) 한편 $f'(x)=\sqrt{\{f(x)\}^2+1}$ 이므로 위 식에 대입하면

$$f(x)+\sqrt{\{f(x)\}^2+1}=e^x,\ \sqrt{\{f(x)\}^2+1}=e^x-f(x)$$

이다. 양변을 제곱하면 $\{f(x)\}^2+1=e^{2x}-2e^x f(x)+\{f(x)\}^2$ 이므로 이를 정리하면

$f(x)=\frac{e^{2x}-1}{2e^x}=\frac{e^x-e^{-x}}{2}$ 이다.

TIP

한편, (*) 의 과정을 거치지 않고 다음과 같이 풀 수도 있다.

$f(x)+f'(x)=e^x$에서 양변에 e^x을 곱하면 $\left(e^x f(x)\right)'=e^{2x}$, $e^x f(x)=\frac{1}{2}e^{2x}+C$ 임을 알 수 있다.

이는 곱의 미분법 형태 만들기에 해당한다.

[2] [기대T 답안]

$$\int_0^1\left\{\frac{f(x)}{f'(x)}\right\}^2 dx=\int_0^1\frac{f''(x)}{\{f'(x)\}^2}\times f(x)dx \ (\because f(x)=f''(x))$$

$$=\left[-\frac{1}{f'(x)}\times f(x)\right]_0^1+\int_0^1\frac{1}{f'(x)}\times f'(x)dx \ (\because \text{부분적분})$$

$$=1-\frac{f(1)}{f'(1)}+\frac{f(0)}{f'(0)}=\frac{2}{e^2+1} \ \left(\because f(x)=\frac{e^x-e^{-x}}{2},\ f(x)+f'(x)=e^x\right)$$

[대학 예시답안]

$f'(x)=\frac{e^x+e^{-x}}{2}$이므로 $\frac{f(x)}{f'(x)}=\frac{e^x-e^{-x}}{e^x+e^{-x}}$ 이다.

$$\int_0^1\left\{\frac{f(x)}{f'(x)}\right\}^2 dx=\int_0^1\left(\frac{e^x-e^{-x}}{e^x+e^{-x}}\right)^2 dx=\int_0^1\frac{(e^x+e^{-x})^2-4}{(e^x+e^{-x})^2}dx$$

$$=\int_0^1\left\{1-\frac{4}{(e^x+e^{-x})^2}\right\}dx=1-\int_0^1\frac{4}{(e^x+e^{-x})^2}dx$$

이다. 여기서 $\int_0^1\frac{4}{(e^x+e^{-x})^2}dx=\int_0^1\frac{4e^{2x}}{(e^{2x}+1)^2}dx$이므로 $t=e^{2x}+1$로 치환적분을 하면

$$\int_0^1\frac{4e^{2x}}{(e^{2x}+1)^2}dx=\int_2^{e^2+1}\frac{2}{t^2}dt=2\left[-\frac{1}{t}\right]_2^{e^2+1}=-\frac{2}{e^2+1}+1\text{이다.}$$

따라서 $\int_0^1\left(\frac{e^x-e^{-x}}{e^x+e^{-x}}\right)^2 dx=1-\int_0^1\frac{4}{(e^x+e^{-x})^2}dx=1-\left(-\frac{2}{e^2+1}+1\right)=\frac{2}{e^2+1}$

해설 7

$a_n = 1 + x_n$, $b_n = 1 + y_n$ 이라 두자. $\lim_{n\to\infty}(a_n)^n = 27$ 이므로, $\ln 27 = \lim_{n\to\infty}\ln(a_n)^n = \lim_{n\to\infty} n\ln(1+x_n)$ 이다.

따라서 $\lim_{n\to\infty}(1+x_n) = 1$임을 알 수 있고, 따라서 $\lim_{n\to\infty}(1+x_n)^{\frac{1}{x_n}} = e$ 임을 알 수 있다.

또한 $\ln e^{\ln 27} = \ln 27 = \lim_{n\to\infty} n\ln(1+x_n) = \lim_{n\to\infty}\ln(1+x_n)^n = \lim_{n\to\infty}\ln\left\{(1+x_n)^{\frac{1}{x_n}}\right\}^{nx_n}$ 으로부터

$\lim_{n\to\infty}(nx_n) = \ln 27$ 임을 알 수 있다. 마찬가지 방법으로 $\lim_{n\to\infty} y_n = 0$, $\lim_{n\to\infty}(ny_n) = \ln 64$ 임을 얻을 수 있다.

한편,

$$\lim_{n\to\infty}\left(1+\frac{1}{3}x_n+\frac{2}{3}y_n\right) = \lim_{n\to\infty}\left(\frac{1}{3}(1+x_n)+\frac{2}{3}(1+y_n)\right) = 1 \text{ 이고}$$

$$\lim_{n\to\infty}\left(1+\frac{1}{3}x_n+\frac{2}{3}y_n\right)^{\frac{1}{\frac{1}{3}x_n+\frac{2}{3}y_n}} = e \text{ 이므로}$$

따라서

$$\lim_{n\to\infty}\left(\frac{1}{3}a_n+\frac{2}{3}b_n\right)^n = \lim_{n\to\infty}\left(\frac{1}{3}(1+x_n)+\frac{2}{3}(1+y_n)\right)^n$$

$$= \lim_{n\to\infty}\left\{\left(1+\frac{1}{3}x_n+\frac{2}{3}y_n\right)^{\frac{1}{\frac{1}{3}x_n+\frac{2}{3}y_n}}\right\}^{\frac{nx_n}{3}+\frac{2ny_n}{3}}$$

$$= e^{\frac{1}{3}\ln 27+\frac{2}{3}\ln 64} = e^{\ln 48} = 48$$

해설
8

[1] (i) n 이 1 일 때 위의 부등식이 자명하게 성립한다.

(ii) 위의 부등식이 $n=k$ 일 때 성립한다고 가정하면

$$
\begin{aligned}
(1+x)^{k+1}=(1+x)^k(1+x) &\geq (1+kx)(1+x) \ (\because \ (1)\text{의 부등식}) \\
&= 1+(k+1)x+kx^2 \\
&\geq 1+(k+1)x \ (\because \ kx^2 \geq 0)
\end{aligned}
$$

$(1+x)^{k+1}=(1+x)^k(1+x) \geq (1+kx)(1+x)=1+(k+1)x+kx^2 \geq 1+(k+1)x$

따라서 수학적 귀납법에 의하여 모든 자연수 n 과 $x \geq -1$ 에 대하여 $(1+x)^n \geq 1+nx$ 가 성립한다.

[2] x 가 양의 실수일 때, $f(x)=\left(1+\dfrac{1}{x}\right)^x=e^{x\ln\left(1+\frac{1}{x}\right)}$ (본책 로그미분법 파트 Tip 참고)

를 미분하면 $f'(x)=e^{x\ln\left(1+\frac{1}{x}\right)}\left\{\ln\left(1+\dfrac{1}{x}\right)-\dfrac{1}{x+1}\right\}$ 이다. $g(x)=\ln\left(1+\dfrac{1}{x}\right)-\dfrac{1}{x+1}$ 라 하자.

$g(x)$ 를 미분하면 양의 실수 x 에 대하여 $g'(x)=\dfrac{1}{(1+x)^2}-\dfrac{1}{x(1+x)}=-\dfrac{1}{x(1+x)^2}<0$ 이며

$\lim\limits_{x\to\infty}g(x)=\lim\limits_{x\to\infty}\left\{\ln\left(1+\dfrac{1}{x}\right)-\dfrac{1}{x+1}\right\}=0$ 이므로 임의의 양수 x 에 대하여 $g(x) \geq \lim\limits_{x\to\infty}g(x)=0$ 임을 알 수 있다.

또한 양의 실수 x 에 대하여 $e^{x\ln\left(1+\frac{1}{x}\right)}=\left(1+\dfrac{1}{x}\right)^x>0$ 이므로 $f'(x)=e^{x\ln\left(1+\frac{1}{x}\right)}\times g(x) \geq 0$ 이다.

즉, $f(x)$ 는 감소하지 않는 함수이므로 임의의 자연수 n 에 대하여

$f(n)=\left(1+\dfrac{1}{n}\right)^n \leq \left(1+\dfrac{1}{n+1}\right)^{n+1}=f(n+1)$ 이 참임을 알 수 있다.

[3] (i) $n=m$ 인 경우: $1<1+\dfrac{1}{m}$ 이므로

$\left(1+\dfrac{1}{n}\right)^n=\left(1+\dfrac{1}{m}\right)^m<\left(1+\dfrac{1}{m}\right)^m\cdot\left(1+\dfrac{1}{m}\right)=\left(1+\dfrac{1}{m}\right)^{m+1}$ 이 성립한다.

(ii) $n<m$ 인 경우: $m=n+k$ 이면 **[2]**의 부등식에 의하여

$\left(1+\dfrac{1}{n}\right)^n \leq \left(1+\dfrac{1}{n+1}\right)^{n+1} \leq \cdots \leq \left(1+\dfrac{1}{n+k}\right)^{n+k}=\left(1+\dfrac{1}{m}\right)^m$ 이 참이고,

$1<1+\dfrac{1}{m}$ 이므로 $\left(1+\dfrac{1}{n}\right)^n \leq \left(1+\dfrac{1}{m}\right)^m<\left(1+\dfrac{1}{m}\right)^m\times\left(1+\dfrac{1}{m}\right)=\left(1+\dfrac{1}{m}\right)^{m+1}$ 이 성립한다.

(iii) $n>m$ 인 경우: $\left(1-\dfrac{1}{n}\right)^n$ 에 대하여

$$\frac{\left(1-\frac{1}{n+1}\right)^{n+1}}{\left(1-\frac{1}{n}\right)^{n}}=\frac{\left(1-\frac{1}{n+1}\right)^{n+1}}{\left(1-\frac{1}{n}\right)^{n+1}}\times\left(1-\frac{1}{n}\right)=\left(\frac{\frac{n}{n+1}}{\frac{n-1}{n}}\right)^{n+1}\times\left(1-\frac{1}{n}\right)$$

$$=\left(\frac{n^2-1+1}{n^2-1}\right)^{n+1}\times\left(1-\frac{1}{n}\right)=\left(1+\frac{1}{n^2-1}\right)^{n+1}\times\left(1-\frac{1}{n}\right)$$

이고, $x=\frac{1}{n^2-1}>-1\ (\because n\geq 2)$ 에 대하여 **[1]**의 부등식에 의하여

$\left(1+\frac{1}{n^2-1}\right)^{n+1}\geq 1+(n+1)\cdot\frac{1}{n^2-1}=1+\frac{1}{n-1}=\frac{n}{n-1}$ 이 성립하고

$\left(1+\frac{1}{n^2-1}\right)^{n+1}\times\left(1-\frac{1}{n}\right)\geq\frac{n}{n-1}\times\left(1-\frac{1}{n}\right)=1$ 이다.

그러므로 $\left(1-\frac{1}{n}\right)^{n}\leq\left(1-\frac{1}{n+1}\right)^{n+1}$ 이 성립함을 알 수 있다.

한편 $\left(1+\frac{1}{m}\right)^{m+1}=\left(\frac{m+1}{m}\right)^{m+1}=\frac{1}{\left(\frac{m}{m+1}\right)^{m+1}}=\frac{1}{\left(1-\frac{1}{m+1}\right)^{m+1}}$ 이므로 위의 부등식에 의하여

$\left(1+\frac{1}{m}\right)^{m+1}=\frac{1}{\left(1-\frac{1}{m+1}\right)^{m+1}}\leq\frac{1}{\left(1-\frac{1}{m}\right)^{m}}=\left(1+\frac{1}{m-1}\right)^{m}$ 이 참이다.

그러므로 $n=m+k$ 라 두면,

$$\left(1+\frac{1}{n}\right)^{n}<\left(1+\frac{1}{n}\right)^{n+1}=\left(1+\frac{1}{m+k}\right)^{m+k+1}\leq\left(1+\frac{1}{m+k-1}\right)^{m+k}$$

$$\leq\left(1+\frac{1}{m+k-2}\right)^{m+k-1}\leq\cdots\leq\left(1+\frac{1}{m}\right)^{m+1}$$

이 성립한다.

[4] [2]에 의하여 $x_n=\left(1+\frac{1}{n}\right)^{n}$ 은 증가하는 수열이고 x_n 의 극한이 자연상수 e 이다.

그러므로 모든 자연수 n 에 대하여 $2=x_1\leq x_n=\left(1+\frac{1}{n}\right)^{n}\leq e<3$ 이 성립한다.

해설 9

[1] 점 $(t,\ f(t))$에서 곡선 $y=f(x)$의 접선의 방정식은

$$y=f'(t)(x-t)+f(t)$$

이고, 이 접선의 y절편인 $h(t)$는 $h(t)=-tf'(t)+f(t)$ 이다.

위로부터 $h(t)$는 연속함수이며 $h'(t)=-tf''(t)$ 역시 연속임을 알 수 있다.

한편 $h'(t)=-tf''(t)<0$ 이므로 $h(t)$는 감소함수 이므로 $h(t)$의 역함수가 존재하고 제시문 〈다〉에 의하여 함수 $h^{-1}(s)$ 역시 연속임을 알 수 있다.

따라서 $\lim_{s\to s_0}h^{-1}(s)=h^{-1}(s_0)=\alpha$ 이다.

[2] $0<c<d<1$인 실수 c와 d에 대하여 직선 l'과 같은 성질을 갖는 직선의 방정식은 다음과 같다.

$$\frac{x}{c}+\frac{y}{1-c}=1,\ \frac{x}{d}+\frac{y}{1-d}=1$$

이 두 식을 연립하여 x와 y를 구하면 다음과 같다.

$$x=cd,\ y=(1-c)(1-d)$$

[3] 문제 **[2]**에서 구한 두 접선은 곡선과 각각 오직 한 점에서만 만난다.

이 때 d를 c에 한없이 가까이 보내면 두 접선은 거의 일치하게 되고, 두 접선이 곡선과 만나는 점은 접선 $\frac{x}{c}+\frac{y}{1-c}=1$의 접점 $(x_1,\ y_1)$에 한없이 가까워질 것이다.

따라서 $(x_1,\ y_1)=\lim_{d\to c+}(cd,\ (1-c)(1-d))=(c^2,\ (1-c)^2)$ 이고,

함수 $y=g(x)$는 $x=c^2,\ y=(1-c)^2$으로 표현되는 매개변수 함수이므로 이를 정리하면

$g(x)=(1-\sqrt{x})^2=1-2\sqrt{x}+x\ (0<x<1)$ 임을 알 수 있다.

Show and Prove

CHAPTER

4

Advanced Theme

예제가 아닌 논제 해설들은 뒤에 있어요 :)

해설 1

나누려는 수가 음수든 양수든 상관없이 4로 나누었으므로 나머지는 $0 \le r < 4$ 여야 한다.
따라서 ①, ②는 맞는 식이며 나머지는 둘 다 1이다.
③은 잘못된 식이며 $13 = 4 \times 3 + 1$로 표현해야 정확하며 나머지는 1이다.

해설 2

(i) 합동식 성질 익혀보기
$-1 = 5 \times (-1) + 4$이므로 -1과 4는 5에 대한 합동수이다.
따라서 100번 곱하기 전에 4를 합동수인 -1로 치환하여 계산하면 $(-1)^{100} = 1$이다.
즉, 1을 5로 나눈 나머지를 구하는 문제와 동치가 되므로 정답은 1이다.

(ii) 이항정리로 풀어보기
$4^{100} = (5-1)^{100} = {}_{100}\mathrm{C}_0 5^{100} \times (-1)^0 + \cdots + {}_{100}\mathrm{C}_{99} 5^1 \times (-1)^{99} + {}_{100}\mathrm{C}_{100} 5^0 \times (-1)^{100}$ 에서
${}_{100}\mathrm{C}_0 5^{100} \times (-1)^0 + \cdots + {}_{100}\mathrm{C}_{99} 5^1 \times (-1)^{99}$는 5를 약수로 갖고 있는 수들의 합이므로
$4^{100} \equiv {}_{100}\mathrm{C}_{100} 5^0 \times (-1)^{100} \pmod 5$ 이다. ${}_{100}\mathrm{C}_{100} 5^0 \times (-1)^{100} = 1$ 이므로 4^{100}을 5로 나눈 나머지는 1이다.

해설 3

(i) 합동식 성질 익혀보기

$7=5\times1+2$이고 $16=5\times3+1$ 이므로 $7\equiv2\ (\mathrm{mod}\ 5)$, $16\equiv1\ (\mathrm{mod}\ 5)$ 이다. 이 식을 활용하면

$7^{100}\equiv2^{100}=16^{25}\equiv1^{25}\ (\mathrm{mod}\ 5)$ 임을 알 수 있다. (cf. 앞으로 해설에서 $=$와 $\equiv$를 잘 구분하여 보도록 하자)

따라서 7^{100}을 5로 나눈 나머지는 1 이다.

(ii) 이항정리로 풀어보기

$7^{100}=(5+2)^{100}=\left({}_{100}C_0 5^{100}\times2^0+\cdots+{}_{100}C_{99}5^1\times2^{99}\right)+{}_{100}C_{100}5^0\times2^{100}$ 에서

$\left({}_{100}C_0 5^{100}\times2^0+\cdots+{}_{100}C_{99}5^1\times2^{99}\right)$ 부분은 5를 약수로 갖고 있는 수들의 합이므로

$7^{100}\equiv{}_{100}C_{100}5^0\times2^{100}=2^{100}\ (\mathrm{mod}\ 5)$ 이다. $2^{100}=16^{25}=(15+1)^{25}$에 대하여 같은 이항정리로 전개를 하면

$2^{100}\equiv1^{25}=1\ (\mathrm{mod}\ 5)$ 이다. 따라서 7^{100}을 5로 나눈 나머지가 1임을 알 수 있다.

(iii) 합동식 성질을 통해 과정을 눈치채고서 포장만 이항정리로 답안쓰기 – 실전에서 우리가 쓸 답안

$7^4=2401$ 이므로 (첫 번째 풀이에서 $2^{100}=(2^4)^{25}=16^{25}$을 하는 과정에 착안한 아이디어)

$7^{100}=(7^4)^{25}=(2400+1)^{25}=1^{25}+\sum_{k=1}^{25}{}_{2400}C_k\times2400^k$ 이므로 7^{100}을 5로 나눈 나머지가 1이다.

($\because$ $\sum_{k=1}^{25}{}_{2400}C_k\times2400^k$는 2400의 배수이므로 5의 배수)

해설 4

(i) 합동식으로 정답 내기

$5^{1000}\equiv(-2)^{1000}=2^{1000}=2^1\times(2^3)^{333}\equiv2^1\times1^{333}=2\ (\mathrm{mod}\ 7)$ 이므로 정답은 2이다.

(ii) 위 풀이를 힌트삼아 이항정리 풀이로 포장하기

$5^3=125=7\times18-1$ 이므로 $5^{1000}=(7-2)^1\times((7\times18)-1)^{333}$을 전개하면 $(-2)^1\times(-1)^{333}$ 항을 제외한 모든 전개항은 7의 배수가 된다. 따라서 5^{1000}을 7로 나눈 나머지는 $(-2)^1\times(-1)^{333}=2$ 이다.

기대T Comment)

(i)의 승수에 있는 1000을 $1+999=1+3\times333$으로 해석했으므로, 이항정리 풀이에서도 똑같이 해준 것이다.

해설 5

일정한 나머지의 값이 1임은 합동식의 성질 혹은 이항정리를 이용하여 다 알거라 생각한다.

이를 어떤 교과방식으로 포장하여 답안을 작성할 것인가에 대한 고민을 하면 되는데,
이항정리는 많이 해봤으니 이번엔 수학적 귀납법으로 해보자.

(i) $n=1$일 때, 14^1을 13으로 나눈 나머지가 1이다.
(ii) $n=m$일 때, 14^m을 13으로 나눈 나머지가 1이라고 가정하면 $14^m=13k+1$이라 둘 수 있고
$14^{m+1}=14\times(13k+1)=13\times(14k+1)+1$이므로 $n=m+1$일 때에도 14^n을 13으로 나눈 나머지가 1임을 알 수 있다.

따라서 (i), (ii) 과정을 통해 14^n을 13으로 나눈 나머지가 항상 일정함을 수학적 귀납법으로 증명할 수 있었다.

해설 6

$4^{100}\equiv 1 \pmod 5$, $7^{100}\equiv 1 \pmod 5$ 이므로 $28^{100}=4^{100}\times 7^{100}\equiv 1\times 1=1 \pmod 5$[6] 이다. 정답은 1.

6) 보통 등호와 합동식을 섞어쓰지 않지만, 이해만 하면 되니까 용인된 표현!

해설 7

$a_7 = 40 \equiv 1 \pmod 3$ 이다. a_6을 3으로 나눈 나머지를 기준으로 문제를 풀어보자.

(i) $a_6 \equiv 0 \pmod 3$인 경우

a_6이 3의 배수이므로 조건 (나)의 아래 식에 의하여 $a_7 = \frac{1}{3}a_6$ 에서 $a_6 = 120$임을 알 수 있다.

$a_6 = 120$, $a_7 = 40$이므로 조건 (나)에 따라 a_8, a_9를 구하면 $a_9 = 200$임을 알 수 있다.

(ii) $a_6 \equiv 1 \pmod 3$인 경우 (즉, a_6을 3으로 나눈 나머지가 1인 경우),
a_6이 3의 배수가 아니므로 조건 (나)의 윗 식에 의하여 $a_7 = a_6 + a_5$ 이고,
$a_7 \equiv 1 \pmod 3$, $a_6 \equiv 1 \pmod 3$ 이므로 $a_5 \equiv 0 \pmod 3$ 이다.

a_5가 3의 배수이므로 조건 (나)의 아래 식에 의하여 $a_6 = \frac{1}{3}a_5$, $a_5 = 3a_6$이다.
따라서 $a_7 = a_6 + a_5 = 4a_6$에서 $a_6 = 10$ 이다. 위와 같은 방법으로 a_8, a_9를 구하면 $a_9 = 90$임을 알 수 있다.

(iii) $a_6 \equiv 2 \pmod 3$인 경우 (즉, a_6을 3으로 나눈 나머지가 2인 경우),
a_6이 3의 배수가 아니므로 조건 (나)의 윗 식에 의하여 $a_7 = a_6 + a_5$ 이고,
$a_7 \equiv 1 \pmod 3$, $a_6 \equiv 2 \pmod 3$ 이므로 $a_5 \equiv 2 \pmod 3$[7] 이다.
a_5이 3의 배수가 아니므로 조건 (나)의 윗 식에 의하여 $a_6 = a_5 + a_4$ 이고,
$a_6 \equiv 2 \pmod 3$, $a_5 \equiv 2 \pmod 3$ 이므로 $a_4 \equiv 0 \pmod 3$ 이다.

a_4가 3의 배수이므로 조건 (나)의 아래 식에 의하여 $a_5 = \frac{1}{3}a_4$, $a_4 = 3a_5$이다. 따라서 $a_6 = a_5 + a_4 = 4a_5$, $a_7 = a_6 + a_5 = 5a_5$에서 $a_5 = 8$, $a_6 = 32$ 이다. 위와 같은 방법으로 a_8, a_9를 구하면 $a_9 = 24$임을 알 수 있다.

따라서 a_9의 최댓값은 (i)에 의하여 200, (iii)에 의하여 24이다.

7) $a_7 = a_5 + a_6 \equiv 2 + 2 = 4 \equiv 1 \pmod 3$

해설
8

연속된 세 항 a_m, a_{m+1}, a_{m+2}의 홀짝성(=2로 나눈 나머지)을 조사해보면 다음과 같다.
(cf. 해설용으로 case 표를 작성했을 뿐, 각 케이스를 머릿속에서 자동으로 처리해낼 수 있다면 그걸로 충분)

case	a_m	a_{m+1}	a_{m+2}	(a_m, a_{m+1}, a_{m+2})로 가능한 예시조합
❶	홀	짝	홀	(1, 2, 3)
❷	짝	홀	홀	(2, 1, 3)
③	홀	홀	홀	(1, 5, 3)
④	홀	홀	짝	(1, 3, 2)
⑤	짝	짝	홀	(2, 4, 3)
⑥	짝	짝	짝	(2, 6, 4)
❶, ❷는 조건식 $a_{m+2} = a_{m+1} + a_m$ 사용 // ③ ~ ⑥은 조건식 $a_{m+2} = \frac{a_{m+1} + a_m}{2}$ 사용				

$a_6 = 34$가 짝수이므로 [$m = 4$일 때 case ⑥, case ④]에 의하여 $(a_4, a_5) = ($짝, 짝$)$ or $($홀, 홀$)$ 가능하다.

$(a_4, a_5) = ($짝, 짝$)$라 가정해보자. 위의 표의 case ⑥에 의하면, 뒤의 두 항 (a_{m+1}, a_{m+2})이 (짝, 짝) 조합이면 앞의 항 a_m도 짝수일 수 밖에 없다. 따라서 a_3도 짝수이고, 마찬가지로 $(a_3, a_4) = ($짝, 짝$)$ 이므로 a_2도 짝수, 같은 논리로 a_1도 짝수여야 한다. 하지만 $a_1 = 1$, 즉 홀수이므로 모순이다.
따라서 $(a_4, a_5) = ($홀, 홀$)$로 고정이다.

또한 a_1이 홀수이므로, 가능한 case의 조합들을 따져봤을 때 다음 세 케이스가 가능하다.
(칠해진 글씨는 a_1, a_4, a_5가 반드시 홀수여야 함을 표현한 것이다. 파도타기 하는 느낌으로 따라가보자.)

(i) [$m = 1$, case ❶] + [$m = 2$, case ❷] + [$m = 3$, case ③]⇒$(a_1, a_2, a_3, a_4, a_5)$=(홀, 짝, 홀, 홀, 홀)
홀 짝 홀 짝 홀 홀 홀 홀 홀

(ii) [$m = 1$, case ③] + [$m = 2$, case ③] + [$m = 3$, case ③]⇒$(a_1, a_2, a_3, a_4, a_5)$=(홀, 홀, 홀, 홀, 홀)
홀 홀 홀 홀 홀 홀 홀 홀 홀

(iii) [$m = 1$, case ④] + [$m = 2$, case ❶] + [$m = 3$, case ❷]⇒$(a_1, a_2, a_3, a_4, a_5)$=(홀, 홀, 짝, 홀, 홀)
홀 홀 짝 홀 짝 홀 짝 홀 홀

이러한 세 조합으로 나오는 $(a_1, a_2, a_3, a_4, a_5)$의 홀짝성에 맞춰서 $a_6 = 34$가 되도록 하는 a_2를 구해주면
(i)에서는 a_2가 자연수가 나오질 않고, (ii)와 (iii)에서 각각 $a_2 = 49$, $a_2 = 19$ 가 나온다.
따라서 합은 $49 + 19 = 68$ 이다.

해설 9

합이 짝수인지를 묻고 있으므로, 각 카드에 적힌 숫자를 2로 나눈 나머지에만 집중하면 된다.

따라서 앞면에 1, 뒷면에 0이 적힌 카드 3장과, 앞면과 뒷면에 모두 0이 적힌 카드 3장이 있는 문제와 다를 것이 없다.
(즉, 1 2 3 4 5 6으로 펼쳐져 있는 초기상태는 1 0 1 0 1 0 상태로 펼쳐져 있는 거라 생각해도 무방)

한 번의 시행에서 짝수 번째 카드를 고르는 것은, 여섯 카드가 보여주는 숫자의 합의 홀짝성에 영향을 주지 않는다.
반면 홀수 번째 카드를 고르는 것은, 여섯 카드가 보여주는 숫자의 합의 홀짝성에 영향을 준다.

초기상태에서 6장의 카드에 보이는 모든 수의 합은 1+0+1+0+1+0=3으로, 홀수값이 나온다.
이를 3번의 시행 끝에 짝수로 바꿔내고 싶으므로, 우리는 홀짝성에 변화를 줘야한다.

따라서 홀수 번째 카드를 1번만 고르거나 (확률 = ${}_3C_1\left(\frac{1}{2}\right)^1\left(\frac{1}{2}\right)^2=\frac{3}{8}$)

홀수 번째 카드를 3번 모두 고름으로써 (확률 = ${}_3C_3\left(\frac{1}{2}\right)^3=\frac{1}{8}$) 기존의 합이 홀수인 것을 짝수로 바꿔줘야 한다. (홀수 번째 카드를 2번 고르는 것은 합의 홀짝성을 바꾸지 못한다.)

따라서 정답은 $\frac{3}{8}+\frac{1}{8}=\frac{1}{2}$ 이다.

해설 10

스티커 붙여진 개수를 나머지만 생각해도 무방하다. 즉, 초기상태의 세 카드엔 각각 0, 1, 2개가 붙어있는 것.
이후 스티커를 1개 붙이면, 숫자를 하나 올려주면 된다. 이 때 스티커 2개가 붙여진 카드에 스티커를 붙이면 3개가 아니고 0개로 생각하자는 뜻이다. (3으로 나눈 나머지에만 집중하는 것)

1번째 시행을 해보자. 가능한 어떠한 카드에 붙여도 결국 똑같은 나머지 2개와 다른 나머지 1개가 나옴을 알 수 있다.
(ex. 1, 1, 2 / 0, 2, 2 / 0, 1, 0) 즉, 사건 A가 일어나지 않을 확률이 1이다.
2번째 시행을 해서 스티커 1개를 더 붙여봐도, 여전히 똑같은 나머지 2개와 다른 나머지 1개가 나옴을 알 수 있다.
(ex. 2, 1, 2 / 1, 2, 2 / 1, 1, 0 등등) 마찬가지로, 사건 A가 일어나지 않을 확률이 1이다.
하지만 3번째 시행에선 기회가 생긴다. $\frac{1}{3}$의 확률로 잘 붙이면 사건 A가 일어날 수 있는데, 문제 조건에 의하면 아직 일어나면 안되기 때문에 이 확률을 피해가야한다.
피할 확률은 $1-\frac{1}{3}=\frac{2}{3}$이며, 3회의 시행까지 끝나면 다시 0, 1, 2 조합으로 회귀함을 알 수 있다.

똑같은 논리로 4번째, 5번째 시행에선 아무리 해도 별 일이 없다가 6번째 시행에서 $\frac{1}{3}$의 확률로 사건 A가 일어나야하므로, 정답은 $1\times1\times\left(1-\frac{1}{3}\right)\times1\times1\times\frac{1}{3}=\frac{2}{9}$이다.

기대T Comment)
필자의 현역 때 평가원 문제였는데, 이 문제를 정확히 풀어냈던 학생은 전교에서 필자 포함 2명뿐이었다.
(다른 정답자들은 이 날 9월 평가원 시험이 9/2에 있어서 그걸로 찍어서 맞춤;;;; ~~어것도 레전드긴 해~~)

이 썰을 푸는 이유는 정수론의 위력을 자랑하려는게 아니고 (~~사실 맞고~~), 정수론에 대한 이해도가 풀이에 직접적인 영향력을 끼친 문제가 존재한다는 증거이기 때문이다.

이 나머지의 순환 구조를 대놓고 물어보고 싶었으면 6회가 아닌 15회에서 사건 A가 일어날 확률을 물어봤을 것이고,
그 때 정답은 $\left(\frac{2}{3}\right)^4\times\frac{1}{3}=\frac{16}{243}$이 되는 것도 확인하자.
하지만 평가원이 여기까지 묻지 않은 것은 6회 시행까지 전부 깔아보는 어느 정도의 노가다도 풀이로 열어줬음을 시사한다.

해설 11

|(N의 홀수 번째 자리의 수들의 합)-(N의 짝수 번째 자리의 수들의 합)| $=|(4+0)-(2+2)|=0$ 이므로
2024는 11로 나눈 나머지가 0, 즉 2024는 11의 배수이다.

해설 12

$(x^2-x+1)(x+1)=x^3+1$ 이므로 $x^3 \equiv -1 \ (\mathrm{mod}(x^2-x+1))$ 이다.
따라서 $x^4=x^3\times x \equiv (-1)\times x = -x \ (\mathrm{mod}(x^2-x+1))$ 이므로
$g(x)=x^4+x-1 \equiv -x+x-1=-1 \ (\mathrm{mod}(x^2-x+1))$ 이다.

이후 수학적귀납법 과정에서 $n=k$일 때 $g^k(x)\equiv -1 \ (\mathrm{mod}(x^2-x+1))$로 가정한다. 그러면

$$\begin{aligned} g^{k+1}(x) = g(g^k(x)) &= \{g^k(x)\}^4+g^k(x)-1 \\ &\equiv (-1)^4+(-1)-1=-1 \ \ (\mathrm{mod}(x^2-x+1)) \end{aligned}$$

이다.
따라서 $n=k+1$일 때에도 성립하므로 수학적귀납법으로 풀리겠군! 이라고 눈치를 챈 후 문제풀이를 종료하면 된다.
이를 교육과정내 모양으로 포장해주면 아래 해설과 같다.

* 찐 해설
모든 자연수 n에 대하여 $g^n(x)$를 x^2-x+1으로 나눈 나머지가 항상 -1임을 수학적 귀납법으로 보이자.
(i) $n=1$일 때, $g^1(x)=x^4+x-1=x(x+1)(x^2-x+1)-1$ 이므로 $g^1(x)$를 x^2-x+1으로 나눈 나머지는 -1이다.

(ii) $n=k$일 때, $g^k(x)$를 x^2-x+1으로 나눈 나머지가 -1이라 가정하자.
즉, $g^k(x)=(x^2-x+1)Q_k(x)-1$를 만족하는 다항식 $Q_k(x)$가 존재한다.

$$\begin{aligned} g^{k+1}(x) &= g(g^k(x)) = g\left((x^2-x+1)Q_k(x)-1\right) \\ &= \left\{(x^2-x+1)Q_k(x)-1\right\}^4+\left\{(x^2-x+1)Q_k(x)-1\right\}-1 \\ &= (x^2-x+1)Q_{k+1}(x)+(-1)^4+(-1)-1 \\ &= (x^2-x+1)Q_{k+1}(x)-1 \end{aligned}$$

를 만족하는 다항식 $Q_{k+1}(x)$가 존재한다. 그러므로 $g^{k+1}(x)$를 x^2-x+1으로 나눈 나머지는 -1이다. 따라서 수학적 귀납법에 의해 모든 자연수 n에 대하여 $g^n(x)$를 x^2-x+1으로 나눈 나머지는 항상 -1로 일정하다.

해설
13

[1] $2023 = 7^1 \times 17^2$의 약수의 개수를 구하면 되므로, 총 $(1+1)\times(2+1)=6$번 눌러졌다.

[2] 전등이 켜져 있으려면 홀수번 눌러야한다. 즉, 전등의 번호의 약수의 개수가 홀수 개여야 하고, 이러한 번호는 완전제곱수인 $1^2,\ 2^2,\ \cdots,\ 44^2$ 이다. 즉, 2023명의 학생이 모두 지나간 후 켜져 있는 전등의 개수는 44개이다. 이 중 총 세 번 눌러진 전등의 번호는 소수의 완전제곱수이므로, 1 이상 44 이하의 소수 2, 3, 5, 7, 11, 13, 17, 19, 23, 29, 31, 37, 41, 43 으로 총 14개이다. 따라서 $\frac{14}{44}=\frac{7}{22}$ 이다.

[3] 전등 시행 이후 전등이 켜져 있기 위해서는, 4 이상 2021 이하인 약수의 개수가 홀수 개여야 한다.
(1) 전등 번호가 2021 이하인 경우를 조사하자.
(i) 2, 3 중 오직 하나만 약수로 갖는 전등 번호일 때,
수험번호 1인 학생은 누르고 2, 3인 학생 중 한 학생만 누르게 되므로, 전체 약수의 개수는 홀수개여야 한다.
즉, 이 경우엔 **완전제곱수여야** 문제의 조건에서도 켜져 있는 전등이 될 수 있다.

(ii) 2, 3을 모두 약수로 갖는 전등 번호일 때,
원래는 수험번호 1, 2, 3인 학생들이 각각 1번씩 총 3번 누르고 갔어야 하는 전등이었으므로, 전체 약수의 개수는 짝수개여야 한다. 즉, **완전제곱수가 아니어야** 문제의 조건에서도 켜져 있는 전등이 될 수 있다.

(iii) 2, 3을 모두 약수로 갖지 않는 전등 번호일 때,
수험번호 1인 학생은 누르고 2, 3인 학생들은 누르지 않은 전등이므로, 전체 약수의 개수는 짝수개여야 한다.
즉, 이 경우엔 **완전제곱수가 아니여야** 문제의 조건에서도 켜져 있는 전등이 될 수 있다.

(i)에 의하면 앞의 문제에서 구한 44개의 완전제곱수이면서 2, 3 중 오직 하나만 약수로 갖는 전등 개수를 세면 되므로, $\left[\frac{44}{2}\right]+\left[\frac{44}{3}\right]-2\times\left[\frac{44}{6}\right]=22$개이다. (cf. 벤다이어그램을 그려서 확인해보면 쉽습니다.)

(ii), (iii)에 의하면 전등 번호는 6으로 나누었을 때 나머지가 0, 1, 5여야 한다. $2021 = 6\times 336+5$ 이므로 총 1010개의 전등이 해당되고, 이 중 완전제곱수인 번호를 가진 전등을 빼줘야하는데, (i)에서 구한 22개가 아닌 나머지 완전제곱수에 해당하는 44-22=22개[8]를 빼주면 된다. 따라서 총 1010-22=988개이다.

(2) 전등번호가 2022, 2023인 경우를 조사하자.
(iv) 전등 번호가 2022일 때, 2022는 완전제곱수가 아니므로 전체 약수의 개수는 짝수인데 수험번호 1, 2, 3, 2022인 학생들이 이 전등을 누르지 않았으므로 최종적으로 짝수번 눌리게 된다. 따라서 켜지지 않는다.

(v) 전등 번호가 2023일 때, 2023은 완전제곱수가 아니므로 전체 약수의 개수는 짝수인데 수험번호 1, 2023인 학생들이 이 전등을 누르지 않았으므로 최종적으로 짝수번 눌리게 된다. 따라서 켜지지 않는다.
종합하면, (i)~(v)에 의하여 총 22+988=1010개임을 알 수 있고, 구하려는 확률은 $\frac{1010}{2023}$ 임을 알 수 있다.

8) (=완전제곱수이면서 (i)의 여집합 관계에 속하는 숫자들. 괜히 22가 2번 나와서 헷갈릴 수 있는데, 구분지어 잘 이해해보자.)

해설 14

[1] $\tan\alpha_n = \dfrac{n-(n-1)}{\frac{1}{2}n(n+1)-\frac{1}{2}n(n-1)} = \dfrac{1}{n}$ 이므로 $\tan\alpha_2 = \dfrac{1}{2}$, $\tan\alpha_3 = \dfrac{1}{3}$

따라서 $\tan(\alpha_2+\alpha_3) = \dfrac{\tan\alpha_2+\tan\alpha_3}{1-\tan\alpha_2\tan\alpha_3} = \dfrac{\frac{1}{2}+\frac{1}{3}}{1-\frac{1}{2}\times\frac{1}{3}} = 1$ 이고, $\alpha_2+\alpha_3$ 는 예각이므로 $\alpha_2+\alpha_3 = \dfrac{\pi}{4}$.

[2] $\tan\alpha_k = \dfrac{k-(k-1)}{\frac{1}{2}k(k+1)-\frac{1}{2}k(k-1)} = \dfrac{1}{k}$ 이다. 따라서 $\alpha_k = \alpha_n + \alpha_m$ 이면

$\tan\alpha_k = \tan(\alpha_n+\alpha_m) = \dfrac{\tan\alpha_n+\tan\alpha_m}{1-\tan\alpha_n\tan\alpha_m} = \dfrac{\frac{1}{n}+\frac{1}{m}}{1-\frac{1}{n}\times\frac{1}{m}} = \dfrac{n+m}{nm-1}$, $\tan\alpha_k = \dfrac{1}{k} = \dfrac{n+m}{nm-1}$ 이다.

이것을 정리하면 $(n-k)(m-k) = 1+k^2$ 이다.

(i) $k=1$일 때, $n<m$ 이고 위의 조건을 만족하는 n, m의 순서쌍은 $(2,3)$ $\therefore f(1)=1$

(ii) $k=2$일 때, $n<m$ 이고 위의 조건을 만족하는 n, m의 순서쌍은 $(3,7)$ $\therefore f(2)=1$

이로부터 $1+k^2$ 의 약수의 개수가 2개 또는 3개이면 $f(k)=1$임을 알 수 있다.

즉, $k=1$, $k=2$, $k=4$, $k=6$ 인 경우, $f(k)=1$이다.

(iii) $k=3$인 경우, $n<m$ 이므로 $n=4, m=13$, $n=5, m=8$ 이므로 $f(3)=2$

다시 말해서, $1+k^2$ 의 약수의 개수가 4 개 또는 5 개이면 $f(k)=2$이다.

즉, $k=3$, $k=5$인 경우, $f(k)=2$

약수의 개수가 6 개 또는 7 개이면 $f(k)=3$인데, 실제로 $k=7$일 때 $f(k)=3$이다.

따라서 만족하는 k의 최솟값은 7이고, 이 경우 (n, m) 의 순서쌍은 $(8, 57)$, $(9, 32)$, $(12, 17)$ 이다.

[3] 직선 L_n 은 $n-1$개의 직선 $L_1, L_2, \cdots, L_{n-1}$ 과 서로 다른 점에서 각각 한 번씩 만난다.

따라서 $L_1, L_2, \cdots, L_{n-1}$ 에 의해 나뉘는 평면에 L_n 을 그리면 n 개의 영역이 추가된다.

즉, $n \geq 2$ 인 자연수 n 에 대하여 $g(n) = g(n-1)+n$이 성립한다.

이 등식에 $n = 2, 3, \cdots, n$ 을 대입하고 변변 더해서 정리하면 $g(n) = \dfrac{1}{2}(n^2+n+2)$를 얻는다.

$g(63) = 2017$, $g(64) = 2081$, 이므로 $g(n) > 2020$ 만족하는 가장 작은 자연수 n 은 64 이다.

해설 15

Idea.1 $(a,\ b,\ c)$가 주어진 집합의 원소이면 a, b, c의 순서를 바꿔도 주어진 집합의 원소가 되므로
$\sum_{k=1}^{m} {x_k}^2 = \sum_{k=1}^{m} {y_k}^2 = \sum_{k=1}^{m} {z_k}^2$이다. 따라서 $\sum_{k=1}^{m} \left({x_k}^2 + {y_k}^2 + {z_k}^2\right) = 3\sum_{k=1}^{m} {x_k}^2$이다.

Idea.2 $x_k = l\ (l = 1,\ 2,\ 3,\ \cdots,\ n)$일 때 가능한 y_k, z_k의 순서쌍 $(y_k,\ z_k)$는

$$(1,\ n-l+1),\ (2,\ n-l),\ \cdots,\ (n-l+1,\ 1)$$

로 총 $(n-l+1)$개다. 따라서

$$\sum_{k=1}^{m} {x_k}^2 = \sum_{l=1}^{n} l^2(n-l+1)$$

이다. 따라서

$$\sum_{k=1}^{m} {x_k}^2 = (n+1)\sum_{l=1}^{n} l^2 - \sum_{l=1}^{n} l^3$$

$$= \frac{(n+1)n(n+1)(2n+1)}{6} - \frac{n^2(n+1)^2}{4} = \frac{n(n+1)^2(n+2)}{12}$$

이므로 $\sum_{k=1}^{m} \left({x_k}^2 + {y_k}^2 + {z_k}^2\right) = 3\sum_{k=1}^{m} {x_k}^2 = \frac{n(n+1)^2(n+2)}{4}$이다.

해설 16

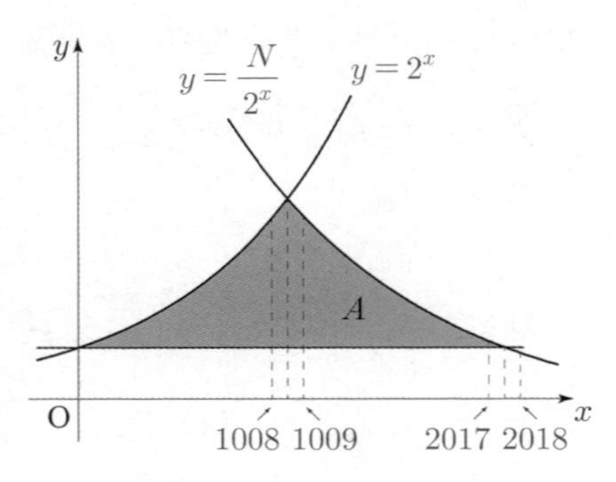

그림과 같이 좌표평면에서 연립부등식 $y \le \frac{N}{2^x}$, $y \le 2^x$, $y \ge 1$ 을 만족시키는 좌표들을 표현한 영역을 A 라 하자.[9]

$1 \le n \le N$ 인 자연수 n 에 대하여 $y=\frac{n}{2^x}$ 과 $y \le 2^x$ 을 모두 만족시키는 점 $(x,\ y)$ ($x,\ y$ 는 자연수)는

영역 A 에 속하고, $m \neq n$ 이면 두 곡선 $y=\frac{m}{2^x}$, $y=\frac{n}{2^x}$ 은 만나지 않는다. 한편 영역 A 에 있는 점 $(p,\ q)$

($p,\ q$는 자연수)에 대하여 $r=q^{2^p}$ 라 두면 $r \le N$이고 점 $(p,\ q)$ 는 곡선 $y=\frac{r}{2^x}$ 에 있으며 $q \le 2^p$ 이다.

따라서 $\sum_{k=1}^{N} a_k$ 는 영역 A 에 포함되는 점 $(x,\ y)$ ($x,\ y$ 는 자연수)의 개수와 같다.

(이 부분이 더블카운팅 해석에 속함)

$x \ge 2018$ 이면 $y \le \frac{N}{2^x} \le \frac{2^{2018}-1}{2^{2018}} < 1$ 이므로 $y \le \frac{N}{2^x}$ 을 만족시키는 두 자연수 $x,\ y$ 의 순서쌍 $(x,\ y)$ 가

존재하지 않는다. 또한 $\frac{N}{2^x} = 2^x$ 이면 $2^{2017} < 2^{2x} = N < 2^{2018}$ 이므로 $1008 < x < 1009$ 이다.

두 곡선 $y=2^x$, $y=\frac{N}{2^x}$ 의 교점의 x 좌표는 1008보다 크고 1009보다 작으므로, 따라서 자연수 x 에 대하여

$1 \le x \le 1008$ 이면 $1 \le y \le 2^x$ 인 자연수 y 의 개수는 2^x 이고

$1009 \le x \le 2017$ 이면 $1 \le y \le \frac{N}{2^x} = 2^{2018-x} - 2^{-x}$ 인 자연수 y 의 개수는 $2^{2018-x}-1$ 이다.

그러므로

$$\begin{aligned}\sum_{k=1}^{N} a_k &= \sum_{p=1}^{1008} 2^p + \sum_{p=1009}^{2017} (2^{2018-p}-1) \\ &= \sum_{p=1}^{1008} 2^p + \sum_{p=1}^{1009} (2^p - 1) = 3 \cdot 2^{1009} - 1013\end{aligned}$$

이다.

9) cf. 부등식의 영역은 교육과정에서 제외됐지만, 단순히 곡선의 위/아래 중 어디에 점이 포함되는가 정도는 수리논술의 선에서 출제될 수 있다는 판단하에 문제를 넣었다. 마치 삼각치환적분/두배각공식과 같이 말이다.

[1] $f'(x)=\dfrac{1}{3}\left(1-\sqrt[3]{\dfrac{15}{x^2}}\right)$, $f''(x)>0$이므로 $f(x)$는 $x=\sqrt{15}$ 에서 최솟값

$$f(\sqrt{15})=\frac{8+\sqrt{15}}{3}-\sqrt[3]{15\sqrt{15}}=\frac{8+\sqrt{15}}{3}-\sqrt{15}=\frac{8-2\sqrt{15}}{3}$$

을 갖는다.

cf.

$n=3$일 때의 산술기하평균 부등식에 의하여

$$\frac{3+5+x}{3}\geq \sqrt[3]{3\times5\times x}$$

이고, 이로부터 $\dfrac{8+x}{3}-\sqrt[3]{15x}\geq 0$임을 알 수 있어서 최솟값을 0이라고 착각하는 것에 주의하자.

$3\neq 5$이므로 산술기하평균 부등식의 등호조건을 만족시킬 수 없음을 확인하자.

이처럼, 반드시 등호가 성립하는 경우가 있을 거라는 확신은 하지 말 것!! 등호조건 확인!!

[2] $g'(x)=\dfrac{1}{5}\left(1-\sqrt[5]{\dfrac{24}{x^4}}\right)$이고 $g''(x)=\dfrac{4}{25}\sqrt[5]{\dfrac{24}{x^9}}>0$이므로 $g(x)$는 $x=\sqrt[4]{24}$ 에서 최솟값

$$g(\sqrt[4]{24})=\frac{10+\sqrt[4]{24}}{5}-\sqrt[5]{24\sqrt[4]{24}}=\frac{10+\sqrt[4]{24}}{5}-\sqrt[4]{24}=\frac{10-4\sqrt[4]{24}}{5}$$

을 갖는다. 따라서 모든 양의 실수 x에 대하여 $g(x)>0$

cf.

$n=5$일 때의 산술기하평균 부등식에 의하여

$$\frac{1+2+3+4+x}{5}\geq \sqrt[5]{1\times2\times3\times4\times x}$$

이고, 이로부터 $\dfrac{10+x}{5}-\sqrt[5]{24x}\geq 0$임을 알 수 있고, 위와 마찬가지로 산술기하평균 부등식의 등호조건을 만족시킬 수 없으므로 $\dfrac{10+x}{5}-\sqrt[5]{24x}>0$임을 알 수 있다.

이 문제에서는 등호를 제거해주는 것이 중요했으므로, 역시나 등호조건 확인의 중요성을 알 수 있는 문제였다.

[3] 함수 $h_{2017}(x)=\dfrac{a_1+\cdots+a_{2016}+x}{2017}-\sqrt[2017]{a_1\cdots a_{2016}x}$ 에 대하여

$$h'_{2017}(x)=\frac{1}{2017}\left(1-\sqrt[2017]{\frac{a_1\cdots a_{2016}}{x^{2016}}}\right)$$

이고

$$h''_{2017}(x)=\frac{2016}{(2017)^2}\sqrt[2017]{\frac{a_1\cdots a_{2016}}{x^{4033}}}>0$$

이므로 $h_{2017}(x)$는 $x=\sqrt[2016]{a_1\cdots a_{2016}}$ 에서 최솟값

$$h_{2017}\left(\sqrt[2016]{a_1 \cdots a_{2016}}\right) = \frac{a_1 + \cdots + a_{2016} + \sqrt[2016]{a_1 \cdots a_{2016}}}{2017} - \sqrt[2017]{a_1 \cdots a_{2016} \sqrt[2016]{a_1 \cdots a_{2016}}}$$
$$= \frac{a_1 + \cdots + a_{2016} + \sqrt[2016]{a_1 \cdots a_{2016}}}{2017} - \sqrt[2016]{a_1 \cdots a_{2016}}$$
$$= \frac{a_1 + \cdots + a_{2016} - 2016\sqrt[2016]{a_1 \cdots a_{2016}}}{2017}$$

을 갖는다. 따라서 $\frac{a_1 + \cdots + a_{2016}}{2016} \geq \sqrt[2016]{a_1 \cdots a_{2016}}$ 이면 모든 양의 실수 x 에 대하여 $h_{2017}(x) \geq 0$ 이다. 즉, 임의의 양의 실수 a_1, a_2, $\cdots$, a_{2016} 에 대하여

$$\frac{a_1 + \cdots + a_{2016}}{2016} \geq \sqrt[2016]{a_1 \cdots a_{2016}}$$

임을 보이면 충분하다. 다시 함수 $h_{2016}(x) = \frac{a_1 + \cdots + a_{2016} + x}{2017} - \sqrt[2016]{a_1 \cdots a_{2016} x}$ 에 위의 논리를 적용하면 $\frac{a_1 + \cdots + a_{2015}}{2015} \geq \sqrt[2015]{a_1 \cdots a_{2015}}$ 이면 $\frac{a_1 + \cdots + a_{2016}}{2016} \geq \sqrt[2016]{a_1 \cdots a_{2016}}$ 이 성립함을 알 수 있다. 결국 이 논리를 반복하면 $\frac{a_1 + a_2}{2} \geq \sqrt{a_1 a_2}$ 임을 보이는 것으로 증명이 끝남을 알 수 있다. 이는

$$\frac{a_1 + a_2}{2} - \sqrt{a_1 a_2} = \frac{\sqrt{a_1^2} + \sqrt{a_2^2}}{2} - \sqrt{a_1 a_2} = \frac{\sqrt{a_1^2} + \sqrt{a_2^2} - 2\sqrt{a_1 a_2}}{2} = \frac{\left(\sqrt{a_1} - \sqrt{a_2}\right)^2}{2} \geq 0$$

으로 증명이 완료된다.

기대T Comment)

한양대 입학처의 답안은 등호조건에 대한 증명은 생략된 버전이므로, 앞서 이 책에 있는 일반화 증명을 익혀두도록 하자.

해설 18

$4-a=A,\ 4-b=B,\ 4-c=C$ 라 하면
$(4-A)+2(4-B)+(4-C)=4,\ A+2B+C=12$ (단, $0<A,\ B,\ C<4$ 이다.

이제 $\frac{1}{A}+\frac{2}{B}+\frac{1}{C}\geq\frac{4}{3}$ 임을 보이자.

제시문의 부등식에 의하여 두 부등식

$$\frac{A+B+B+C}{4}\geq\sqrt[4]{AB^2C}\ \cdots ① \text{ (등호조건 : } A=B=C)$$

$$\frac{\frac{1}{A}+\frac{1}{B}+\frac{1}{B}+\frac{1}{C}}{4}\geq\sqrt[4]{\frac{1}{AB^2C}}\ \cdots ② \text{ (등호조건 : } \frac{1}{A}=\frac{1}{B}=\frac{1}{C})$$

을 알 수 있고, 두 부등식을 곱하면

$$\frac{A+B+B+C}{4}\times\frac{\frac{1}{A}+\frac{1}{B}+\frac{1}{B}+\frac{1}{C}}{4}\geq 1$$

이다. $A+2B+C=12$ 이므로, $3\times\frac{\frac{1}{A}+\frac{1}{B}+\frac{1}{B}+\frac{1}{C}}{4}\geq 1,\ \frac{1}{A}+\frac{2}{B}+\frac{1}{C}\geq\frac{4}{3}$ 임을 알 수 있다.

TIP

두 개의 부등식을 연결시켜 하나의 부등식을 만들었을 때, 최종 부등식의 등호조건에 항상 주의해줘야한다.
이 풀이가 가능했던 이유는, 두 부등식 ①과 ②의 등호조건이 동시에 벌어질 수 있었기 때문이다.

해설 19

T2 도움정리의 $n=4$일 때 버전인 부등식

$$\frac{{c_1}^2}{d_1}+\frac{{c_2}^2}{d_2}+\frac{{c_3}^2}{d_3}+\frac{{c_4}^2}{d_4}\geq\frac{(c_1+c_2+c_3+c_4)^2}{d_1+d_2+d_3+d_4}$$

에 $c_1=c_2=c_3=c_4=1,\ d_1=4-a,\ d_2=4-b=d_3,\ d_4=4-c$를 대입하면

$$\frac{1}{4-a}+\frac{1}{4-b}+\frac{1}{4-b}+\frac{1}{4-c}\geq\frac{(4)^2}{16-(a+2b+c)} \text{ 로부터}$$

$$\frac{1}{4-a}+\frac{2}{4-b}+\frac{1}{4-c}\geq\frac{4}{3}$$

임을 알 수 있다.

Show
and
Prove

기대T 수리논술 수업 상세안내

수업명	수업 상세안내 (지난 수업 영상수강 가능)
정규반 프리시즌 (2월)	- 수리논술만의 특징인 '답안작성 능력'과 '증명 능력'을 향상시키는 수업 - 수험생은 물론 강사들도 가진 '증명구조 오개념'을 확실히 타파해주는 수학전공자의 수업 - '뭐든 적어내면 부분점수'는 옛말! 단계별 채점원리 및 정제된 논리 전개법 전수
정규반 시즌1 (3월)	- 수능/내신 공부와 다른 수리논술 공부의 결 & 방향성을 잡아주는 수업 - 삼각함수 & 수열의 콜라보 등 논술형 발전성을 체감해볼 수 있는 실전 내용 수업
정규반 시즌2 (4~5월)	- 수리논술에서 60% 이상의 비중을 차지하는 수리논술용 미적분을 집중 해석하는 수업 - 수리논술에도 존재하는 행동영역을 통해 고난도 문제의 체감 난이도를 낮춰주는 수업 - 대학의 모범답안을 보고도 '이런 아이디어를 내가 어떻게 생각해내지?' 라는 생각이 드는 학생들도 납득 가능하고 감탄할만한 문제접근법을 제시해주는 수업
정규반 시즌3 (6~7월)	- 상위권 대학의 합격 당락을 가르는 고난도 주제들을 총정리하는 수업 - 아래 학교의 수리논술 합격을 바라는 학생들이라면 강추 (메디컬, 고려, 연세, 한양, 서강, 서울시립, 경희, 이화, 숙명, 세종, 서울과기대, 인하)
선택과목 특강 (선택확통+선택기하)	- 수능/내신의 빈출 Point와의 괴리감이 제일 큰 두 과목인 확통/기하의 내용을 철저히 수리 논술 빈출 Point에 맞게 피팅하여 다루는 Compact 강의 (영상수강 전용 강의) - 총 6강 (확통/기하 3강씩) 으로 구성된 실전+심화 수업 (교과서 개념 선제적 학습 필요) - 상위권 학교 지원자들은 꼭 알아야 하는 필수내용 / 6월 또는 7월 내로 완강 추천
Semi Final (8월)	- 본인에게 유리한 출제 스타일인 학교를 탐색하여 원서지원부터 이기고 들어갈 수 있도록 태어난 새로운 수업 (모든 대학을 출제유형별로 A그룹~D그룹으로 분류 후 분석) - 최신기출 (작년 기출+올해 모의) 중 주요문항 선별 통해 주요대학 최근출제경향 파악
고난도 문제풀이반 For 메디컬/고/연/서성한시	- 2월~8월 사이 배운 모든 수리논술 실전개념들을 고난도 문제에 적용해보는 수업 - 전형적인 고난도 문제부터 출제될 시 경쟁자와 차별될 수 있는 창의적 신유형 문제까지 다양하게 만나볼 수 있는 수업
학교별 Final (수능전 / 수능후)	- 학교별로 고유 출제스타일에 맞는 문제들만 정조준하여 분석하는 Final 수업 - 빈출주제 특강 + 예상문제 모의고사 응시 후 해설 & 첨삭 - 고승률 문제접근 Tip을 파악하기 쉽도록 기출선별자료집 제공 (학교별 상이)
첨삭	수업형태 (현장강의 수강, 온라인 수강) 상관없이 모든 학생들에게 첨삭이 제공됩니다. 1차 서면첨삭 후 학생이 첨삭내용을 제대로 이해했는지 확인하기 위해, 답안을 재작성하여 2차 대면첨삭영상을 추가로 제공받을 수 있습니다. 이를 통해 학생은 6~10번 이내에 합격급으로 논리적인 답안을 쓸 수 있게 되며, 이후에는 문제풀이 Idea 흡수에 매진하면 됩니다.

* 자세한 안내사항은 아래 QR코드 참고

Show and Prove

3

수리논술을 위한
Advanced 미적분 & Advanced Theme

실전논제 해설 모음

Show and Prove

CHAPTER

1

미분의 활용

논제 1

[1] t 가 방정식 $x^3-6x^2+a=0$ 의 근이므로 $t^3-6t^2+a=0$, $a=6t^2-t^3$ 이다. 따라서
$x^3-6x^2+a=x^3-6x^2+6t^2-t^3=(x-t)\{x^2-(6-t)x+t^2-6t\}=0$ 이므로
나머지 두 근은 $\dfrac{6-t\pm\sqrt{(6-t)^2-4(t^2-6t)}}{2}=\dfrac{6-t\pm\sqrt{-3t^2+12t+36}}{2}$ 이다.

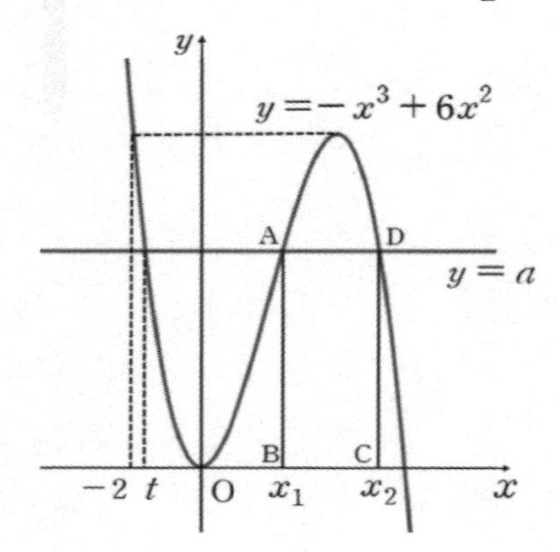

[2] $\mathrm{B}(x_1,\ 0)$, $\mathrm{C}(x_2,\ 0)$, $\overline{\mathrm{AB}}=a$라 하자. $x_1,\ x_2$ 는 방정식 $-x^3+6x^2=a$ 의 해이다. 방정식 $-x^3+6x^2=a$ 의 $x_1,\ x_2$ 가 아닌 다른 해를 t 라 하자. $-2<t<0$ 이고 **[1]** 에 의해

$$x_1=\frac{6-t-\sqrt{-3t^2+12t+36}}{2},\ x_2=\frac{6-t+\sqrt{-3t^2+12t+36}}{2}$$

이므로 직사각형 ABCD 의 넓이는 $a(x_2-x_1)=(-t^3+6t^2)\sqrt{-3t^2+12t+36}$ 이다.

$f(x)=(-x^3+6x^2)\sqrt{-3x^2+12x+36}$,

$g(x)=\ln|f(x)|=2\ln|x|+\ln|x-6|+\dfrac{1}{2}\ln|3x^2-12x-36|$ 라 하자.

$$g'(x)=\frac{f'(x)}{f(x)}=\frac{2}{x}+\frac{1}{x-6}+\frac{6x-12}{2(3x^2-12x-36)}=\frac{4(x^2-2x-6)}{x(x-6)(x+2)}$$

이고 방정식 $x^2-2x-6=0$ 의 근 중에서 $-2<x<0$ 인 것은 $x=1-\sqrt{7}$ 이다.

x	(-2)	$\cdots$	$1-\sqrt{7}$	$\cdots$	(0)
$f'(x)$		$+$	0	$-$	
$f(x)$		↗	극대	↘	

따라서 $t=1-\sqrt{7}$ 에서 직사각형 ABCD 는 최대 넓이를 갖고, 이때 변 AB 의 길이는
$-(1-\sqrt{7})^3+6(1-\sqrt{7})^2=26-2\sqrt{7}$ 이다.

논제
2

주어진 함수 $f(x)=\dfrac{\sqrt{x+1}+1}{x+2(\sqrt{x+1}+1)\cos(\sqrt{x+1}-1)}$에서

$h(x)=\sqrt{x+1}-1$라 하면 $\sqrt{x+1}+1=h(x)+2,\ x=\{h(x)\}^2+2h(x)$이므로

$$f(x)=\frac{\sqrt{x+1}+1}{x+2(\sqrt{x+1}+1)\cos(\sqrt{x+1}-1)}=\frac{1}{h(x)+2\cos h(x)}$$

이다.

따라서 $g(x)=x+2\cos x$ (단, $0\le t\le \pi$)라 하면, $f(x)=\dfrac{1}{g(h(x))}$이고 $h(x)$는 증가함수이므로 $f(x)$가 최대이려면 $g(x)$가 최소인 포인트를 찾으면 된다. (본 책 '합성함수로 해석하기 관점' 사용)

함수 $g(x)$의 도함수는 $g'(x)=1-2\sin x$이므로 $g'(x)=0$이 되는 $x=\dfrac{\pi}{6},\ \dfrac{5\pi}{6}$을 찾을 수 있고,

이를 통해 함수 $g(x)$는 구간 $\left(0, \dfrac{\pi}{6}\right)$에서 증가, 구간 $\left(\dfrac{\pi}{6},\ \dfrac{5\pi}{6}\right)$에서 감소, 구간 $\left(\dfrac{5\pi}{6},\ \pi\right)$에서 증가함을 알 수 있으며,

$g(t)$의 최솟값은 $g(0)$ 또는 $g\left(\dfrac{5\pi}{6}\right)$임을 알 수 있다.

$g(0)=2,\ g\left(\dfrac{5\pi}{6}\right)=\dfrac{5\pi}{6}-\sqrt{3}$이므로 $g\left(\dfrac{5\pi}{6}\right)<g(0)$이다. 따라서 $g(t)$의 최솟값은 $t=\dfrac{5\pi}{6}$일 때 얻을 수 있고

$f(x)$의 최댓값은 $x=\left(\dfrac{5\pi}{6}\right)^2+2\left(\dfrac{5\pi}{6}\right)$에서 갖는다.

논제 3

조건 (1)과 (2)에 $x=0$ 을 대입하여 정리하면 $f(0)=0$ 이고 $g(0)=1$ 이다. 부분적분법에 의해

$$\int_0^x e^t f(t)dt = e^x f(x) - \int_0^x e^t f'(t)dt$$

이므로 조건(1)과 (2)에 의해

$$\int_0^x e^t f'(t)dt = \frac{e^x\{f(x)+g(x)\}-1}{2} = \int_0^x e^t g(t)dt$$

이다. 모든 실수 x 에 대해 $\int_0^x e^t\{f'(t)-g(t)\}dt=0$ 이므로 정적분과 미분의 관계에 의해 $e^x\{f'(x)-g(x)\}=0$ 이다. 따라서 모든 실수 x 에 대해 $f'(x)=g(x)$ 이다.

마찬가지로 $\int_0^x e^t g(t)dt = \{e^x g(x)-1\} - \int_0^x e^t g'(t)dt$ 이므로 모든 실수 x 에 대해 $g'(x)=-f(x)$ 이다.

함수 $h(x)=\{f(x)\}^2+\{g(x)\}^2$ 라 하면, $h(x)$ 는 모든 실수 x 에 대하여 미분가능하고

$$h'(x)=2f'(x)f(x)+2g'(x)g(x)=2g(x)f(x)-2f(x)g(x)=0$$

이므로 $h(x)$ 는 상수함수이다. $f(0)=0$ 이고 $g(0)=1$ 이므로

$$h(0)=\{f(0)\}^2+\{g(0)\}^2=1$$

이다. 따라서 모든 실수 x 에 대해

$$\{f(x)\}^2+\{g(x)\}^2=h(x)=h(0)=1$$

이고

$$\{f(1)\}^2+\{g(1)\}^2=1$$

이다.

논제 4

[1] [대학 예시답안] 단순 곱의 미분법 진행

주어진 함수를 미분하면,

$$y' = \frac{1}{3}\times\frac{1}{1\times2\times3}\left(\alpha+\frac{x}{1\times2\times3}\right)^{-\frac{2}{3}}\left(\alpha+\frac{x}{2\times3\times4}\right)^{\frac{2}{3}}\left(\alpha+\frac{x}{3\times4\times5}\right)$$

$$+\left(\alpha+\frac{x}{1\times2\times3}\right)^{\frac{1}{3}}\times\frac{2}{3}\times\frac{1}{2\times3\times4}\left(\alpha+\frac{x}{2\times3\times4}\right)^{-\frac{1}{3}}\left(\alpha+\frac{x}{3\times4\times5}\right)$$

$$+\left(\alpha+\frac{x}{1\times2\times3}\right)^{\frac{1}{3}}\left(\alpha+\frac{x}{2\times3\times4}\right)^{\frac{2}{3}}\frac{1}{3\times4\times5}$$

이므로

$$y'(0)=\frac{\alpha}{3}\left(\frac{1}{2\times3}+\frac{1}{3\times4}+\frac{1}{4\times5}\right)=\frac{\alpha}{3}\left(\frac{1}{2}-\frac{1}{3}+\frac{1}{3}-\frac{1}{4}+\frac{1}{4}-\frac{1}{5}\right)=\frac{\alpha}{10}$$

이다. 따라서 $(0,\ \alpha^2)$ 에서의 접선은 $y=\frac{\alpha}{10}x+\alpha^2$ 이다. 이 직선이 $(5,\ 1)$ 을 지나기 위해서는

$\alpha^2+\frac{\alpha}{2}-1=0$ 을 만족해야 하므로 $\alpha=\frac{-1+\sqrt{17}}{4}$ 이다.

[기대T 추천답안] 로그미분법 사용

$x \geq -6\alpha$일 때, $\ln y = \frac{1}{3}(\ln(x+6\alpha)-\ln 6)+\frac{2}{3}(\ln(x+24\alpha)-\ln 24)+\ln(x+60\alpha)-\ln 60$ 이므로

로그미분법에 의하여 $\frac{1}{y}\times y' = \frac{1}{3}\times\frac{1}{x+6\alpha}+\frac{2}{3}\times\frac{1}{x+24\alpha}+\frac{1}{x+60\alpha}$ 이고,

$y'(0)=y(0)\times\left(\frac{1}{18\alpha}+\frac{1}{36\alpha}+\frac{1}{60\alpha}\right)=\alpha^2\times\frac{10+5+3}{180\alpha}=\frac{\alpha}{10}$ 이다.

따라서 $(0,\ \alpha^2)$ 에서의 접선은 $y=\frac{\alpha}{10}x+\alpha^2$ 이다.

이 직선이 $(5,\ 1)$ 을 지나기 위해서는 $\alpha^2+\frac{\alpha}{2}-1=0$ 을 만족해야 하므로 $\alpha=\frac{-1+\sqrt{17}}{4}$ 이다

[2] 편의상 $g(x)=15\times\frac{|\sin x|}{2+\cos x}$ 라 하자. 주어진 식 $f(x)=g(x)-2f\left(x+\frac{\pi}{2}\right)$ 를 반복해서 적용하면

$$f(x)=g(x)-2f\left(x+\frac{\pi}{2}\right)=g(x)-2g\left(x+\frac{\pi}{2}\right)+4f(x+\pi)$$
$$=g(x)-2g\left(x+\frac{\pi}{2}\right)+4g(x+\pi)-8f\left(x+\frac{3\pi}{2}\right)$$
$$=g(x)-2g\left(x+\frac{\pi}{2}\right)+4g(x+\pi)-8g\left(x+\frac{3\pi}{2}\right)+16f(x+2\pi)$$

를 얻는다. 그런데 $f(x)$ 의 주기가 2π 이므로,

$$f(x)=-\frac{1}{15}\left\{g(x)-2g\left(x+\frac{\pi}{2}\right)+4g(x+\pi)-8g\left(x+\frac{3\pi}{2}\right)\right\}$$

이다. 따라서

$$\int_0^\pi f(x)dx=-\frac{1}{15}\left\{\int_0^\pi g(x)dx-2\int_0^\pi g\left(x+\frac{\pi}{2}\right)dx+4\int_0^\pi g(x+\pi)dx-8\int_0^\pi g\left(x+\frac{3\pi}{2}\right)dx\right\}$$

이다. 우변의 첫 번째 적분은 $u=2+\cos x$ 로 치환하여 값을 구하고

$$\int_0^\pi g(x)dx = 15\int_0^\pi\frac{\sin x}{2+\cos x}dx = -15\int_3^1\frac{1}{u}du = 15\ln 3$$

을 얻고, 두 번째 적분은 구간을 나눈 다음 $u=2+\cos\left(x+\frac{\pi}{2}\right)$ 로 치환하여 값을 구한다.

$$\int_0^\pi g\left(x+\frac{\pi}{2}\right)dx = 15\int_0^{\frac{\pi}{2}}\frac{\sin\left(x+\frac{\pi}{2}\right)}{2+\cos\left(x+\frac{\pi}{2}\right)}dx-15\int_{\frac{\pi}{2}}^\pi\frac{\sin\left(x+\frac{\pi}{2}\right)}{2+\cos\left(x+\frac{\pi}{2}\right)}dx = 30\ln 2$$

같은 방식으로 세 번째, 네 번째 적분도 값을 구할 수 있다.

$$\int_0^\pi g(x+\pi)dx = 15\ln 3,\ \int_0^\pi g\left(x+\frac{3\pi}{2}\right)dx = 30(\ln 3-\ln 2).$$

따라서

$$\int_0^\pi f(x)dx = -\ln 3+4\ln 2-4\ln 3+16(\ln 3-\ln 2) = 11\ln 3-12\ln 2$$

이다.

논제 5

[1] $(a^2+1)(b^2+1)=(ab-1)^2+(a+b)^2 \le \left(\left(\dfrac{a+b}{2}\right)^2-1\right)^2+(a+b)^2$ ($\because$ 제시문 (가), $ab \ge 1$)

$$=\left(\left(\frac{a+b}{2}\right)^2+1\right)^2$$

[2] 일반성을 잃지 않고 $a \le b \le c$라 하자. 그러면 $cd \ge 1$, $\dfrac{a+b}{2}\times\dfrac{c+d}{2}\ge 1$이다.

따라서 [1]의 부등식을 연쇄적으로 적용시켜주면

$$(a^2+1)(b^2+1)(c^2+1)(d^2+1) \le \left(\left(\frac{a+b}{2}\right)^2+1\right)^2\left(\left(\frac{c+d}{2}\right)^2+1\right)^2$$

$$\le \left(\left(\frac{a+b+c+d}{4}\right)^2+1\right)^4=\left(\left(\frac{a+b+c}{3}\right)^2+1\right)^4$$

이므로 부등식이 성립한다.

[3] 수학적 귀납법을 써서 증명하자.

(i) $n=2$ 일 때, 성립 ([1]에서 보인 부등식)

(ii) $n=k$ $(k\ge 2)$일 때, 부등식이 성립한다고 가정하면

$$\left({a_1}^2+1\right)\times\cdots\times\left({a_k}^2+1\right) \le \left({A_k}^2+1\right)^k \cdots ①$$

이다. 여기서 A_k는 $A_k=\dfrac{a_1+a_2+\ \cdots\ +a_k}{k}$ 이다.

일반성을 잃지 않고 a_{k+1}이 $a_1, a_2, \cdots, a_{k+1}$ 중 가장 큰 수라 하면, 문제 조건에 의하여 $a_{k+1}\ge 1$이므로

$a_{k+1}A_{k+1}=\dfrac{a_1a_{k+1}+a_2a_{k+1}+\cdots+a_ka_{k+1}+{a_{k+1}}^2}{k+1}\ge\dfrac{1\times k+1^2}{k+1}=1$이고, 마찬가지 방법으로

$(A_{k+1})^2\ge 1$ 임을 알 수 있다. 따라서 a_{k+1} 1개, A_{k+1} $(k-1)$개에 대하여 $n=k$일 때의 부등식을 적용시킬 수 있고, 이를 통해

$$\left({a_{k+1}}^2+1\right)\left({A_{k+1}}^2+1\right)^{k-1} \le \left(\left(\frac{a_{k+1}+(k-1)A_{k+1}}{k}\right)^2+1\right)^k \cdots ②$$

이 성립함을 알 수 있다. 따라서

$$\left({a_1}^2+1\right)\times\cdots\times\left({a_{k+1}}^2+1\right)\left({A_{k+1}}^2+1\right)^{k-1}=\left({a_1}^2+1\right)\times\cdots\times\left({a_k}^2+1\right)\times\left({a_{k+1}}^2+1\right)\left({A_{k+1}}^2+1\right)^{k-1}$$

$$\le\left({A_k}^2+1\right)^k\times\left(\left(\frac{a_{k+1}+(k-1)A_{k+1}}{k}\right)^2+1\right)^k \quad (\because ①, ②)$$

$$=\left(\left({A_k}^2+1\right)\times\left\{\left(\frac{a_{k+1}+(k-1)A_{k+1}}{k}\right)^2+1\right\}\right)^k$$

이다. 한편 $n=2$ 일 때 부등식이 성립하므로,

$$\left({A_k}^2+1\right)\left(\left(\frac{a_{k+1}+(k-1)A_{k+1}}{k}\right)^2+1\right)\le\left({A_{k+1}}^2+1\right)^2$$

이다. 따라서

$$\left({a_1}^2+1\right)\cdots\left({a_{k+1}}^2+1\right)\left({A_{k+1}}^2+1\right)^{k-1}\le\left({A_{k+1}}^2+1\right)^{2k}$$

가 성립하므로, 이 부등식을 정리하면 $\left({a_1}^2+1\right)\cdots\left({a_{k+1}}^2+1\right)\le\left({A_{k+1}}^2+1\right)^{k+1}$,

즉 $n=k+1$일 때도 성립한다. 따라서 수학적 귀납법에 의하여 증명 끝. □

TIP

함수를 $f(x)=\ln(x^2+1)$이라 하면 $f'(x)=\dfrac{2x}{x^2+1}$, $f''(x)=\dfrac{2(x^2+1)-4x^2}{(x^2+1)^2}=\dfrac{2}{(x^2+1)^2}\times(1-x^2)$

이다. 즉, $x>1$일 때 $f''(x)<0$이므로, 모든 $k\ (1\le k\le n)$에 대하여 $a_k>1$이라면

$\dfrac{f(a_1)+f(a_2)+\cdots+f(a_n)}{n}\le f\left(\dfrac{a_1+a_2+\cdots+a_n}{n}\right)$이 성립한다고 주장할 수 있다. (by 젠센 부등식)

따라서 $\sqrt[n]{(a_1{}^2+1)(a_2{}^2+1)\cdots(a_n{}^2+1)}\le\left(\dfrac{a_1+a_2+\ \cdots\ +a_n}{n}\right)^2+1$ 임을 알 수 있고, 문제에서 원하는 부등식이 나오는 것처럼 보인다.

하지만 이 문제에서는 $a_1=3,\ a_2=5,\ a_3=\dfrac{2}{3},\ a_4=6,\ a_5=2,\ \cdots$와 같이 모든 $k\ (1\le k\le n)$에 대하여 $a_k>1$가 아니더라도, 문제의 조건 '모든 $i,\ j\ (1\le i<j)$에 대하여 $a_ia_j\ge1$' 을 만족하는 상태에서 본 부등식을 증명하라 했다.

즉, 젠센보다 더 타이트한 조건에서도 똑같은 부등식을 만들어낼 수 있으니, 너네가 해보렴! 이라는 문제다.
아무리 젠센 부등식의 결과를 달달 외웠다고 하더라도, 어차피 써먹을 수 없는 문제였다는 것이다.

그런데 [3]의 증명과정을 보다시피, 젠센 매운맛 Ver.③과 거의 똑같은 과정임을 알 수 있다.
이것이 우리가 복잡한 젠센 부등식을 앞에서 증명해봤던 이유이다.

Show and Prove

CHAPTER

2

적분의 활용

논제 6

$P=\left(\frac{{}_{3n}\mathrm{C}_n}{{}_{2n}\mathrm{C}_n}\right)^{\frac{1}{n}}$ 으로 놓으면

$$\ln P=\frac{1}{n}\ln\frac{{}_{3n}C_n}{{}_{2n}C_n}=\frac{1}{n}\ln\frac{3n(3n-1)\cdots(2n+1)}{2n(2n-1)\cdots(n+1)}$$

$$=\frac{1}{n}\left\{\sum_{k=1}^{n}\ln(2n+k)-\sum_{k=1}^{n}\ln(n+k)\right\}=\frac{1}{n}\sum_{k=1}^{n}\ln\left(\frac{2+\frac{k}{n}}{1+\frac{k}{n}}\right)$$

$\therefore \lim_{n\to\infty}\ln P=\int_0^1\ln\left(\frac{2+x}{1+x}\right)dx=\int_0^1\{\ln(2+x)-\ln(1+x)\}dx=\ln\frac{27}{16}$ 이므로 정답은

$\lim_{n\to\infty}\left(\frac{{}_{3n}\mathrm{C}_n}{{}_{2n}\mathrm{C}_n}\right)^{\frac{1}{n}}=\frac{27}{16}$.

논제 7

[1] $|\cos(\pi x)| = |\cos(\pi(x+1))|$ 이 성립하므로 $\int_{-1}^{2}|\cos(\pi x)|\,dx = 3\times\int_{0}^{1}|\cos(\pi x)|\,dx$ 이다.

또한 $\int_{0}^{1}|\cos(\pi x)|\,dx = 2\times\int_{0}^{\frac{1}{2}}\cos(\pi x)\,dx$ 이므로 구하고자 하는 값은 $6\times\int_{0}^{\frac{1}{2}}\cos(\pi x)\,dx$ 이다.

$\int_{0}^{\frac{1}{2}}\cos(\pi x)\,dx = \left[\frac{\sin(\pi x)}{\pi}\right]_{0}^{\frac{1}{2}} = \frac{1}{\pi}$ 이므로 구하고자 하는 값은 $\frac{6}{\pi}$ 이다.

[2] 부분적분법에 의하여 $\int_{-1}^{2}f(x)\,dx = \left[\left(x-\frac{1}{2}\right)f(x)\right]_{-1}^{2} - \int_{-1}^{2}\left(x-\frac{1}{2}\right)f'(x)dx$ 이다.

한편 함수 $y = x-\frac{1}{2}$은 점 $\left(\frac{1}{2},\,0\right)$에 대한 점대칭, 함수 $f'(x) = |\cos(\pi x)|$는 직선 $x=\frac{1}{2}$에 대한 선대칭이므로 책에서 배운 개념에 의하여 함수 $y=\left(x-\frac{1}{2}\right)f'(x)$는 점 $\left(\frac{1}{2},\,0\right)$에 대한 점대칭함수이다.

따라서 $\int_{-1}^{2}\left(x-\frac{1}{2}\right)f'(x)dx = 0$ 이다. … ①

즉 $\int_{-1}^{2}f(x)\,dx = \left[\left(x-\frac{1}{2}\right)f(x)\right]_{-1}^{2} = \frac{3}{2}(f(2)+f(-1))$ 이고,

$f(2)+f(-1) = \int_{0}^{2}f'(x)dx + \int_{0}^{-1}f'(x)dx$ ($\because f(0)=0$) 이므로 정답은 $\frac{3}{2}\times\frac{2}{\pi} = \frac{3}{\pi}$ 이다.

TIP

밑줄 친 ①의 내용을 우리는 책에서 배웠기 때문에 바로 쓸 수 있었다.
현실답안에선 바로 쓸 수 없으므로, 이에 대한 추가설명이 필요하다는 것을 명심하자.

논제 8

$y=f(x)$를 곡선 $y=\frac{1}{x}$ 위의 점 $\left(k+1, \frac{1}{k+1}\right)$에서의 접선이라 하고, $y=g(x)$를 곡선 $y=\frac{1}{x}$ 위의 두 점 $\left(k, \frac{1}{k}\right)$과 $\left(k+1, \frac{1}{k+1}\right)$을 지나는 직선이라 하자. 그러면

$$f(x)=-\frac{1}{(k+1)^2}\{x-(k+1)\}+\frac{1}{k+1}, \quad g(x)=-\frac{1}{k(k+1)}(x-k)+\frac{1}{k}$$

이다. 이때 닫힌구간 $[k, k+1]$ 에서 $\frac{1}{x}-f(x)=\frac{(x-k-1)^2}{x(k+1)^2} \geq 0$ 이고

$g(x)-\frac{1}{x}=-\frac{(x-k)(x-k-1)}{xk(k+1)} \geq 0$ 이다. 즉, 닫힌구간 $[k, k+1]$ 에서 $f(x) \leq \frac{1}{x} \leq g(x)$ 이므로

$$\int_k^{k+1} f(x)dx \leq \int_k^{k+1} \frac{1}{x}dx \leq \int_k^{k+1} g(x)dx$$

이다. (〈그림 1〉 참고)

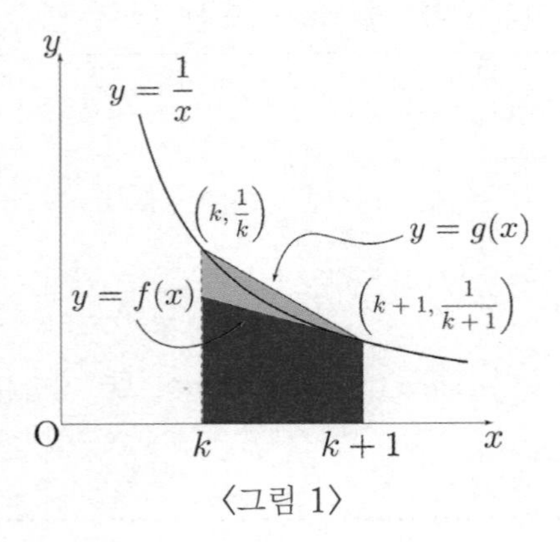

〈그림 1〉

이때 $\int_k^{k+1} f(x)dx=\int_k^{k+1}\left[-\frac{1}{(k+1)^2}\{x-(k+1)\}+\frac{1}{k+1}\right]dx=\frac{1}{k+1}+\frac{1}{2(k+1)^2}$,

$$\int_k^{k+1} g(x)dx=\int_k^{k+1}\left\{-\frac{1}{k(k+1)}(x-k)+\frac{1}{k}\right\}dx=\frac{1}{2}\left(\frac{1}{k}+\frac{1}{k+1}\right),$$

$\int_k^{k+1}\frac{1}{x}dx=\ln(k+1)-\ln k$ 이므로

$$\frac{1}{k+1}+\frac{1}{2(k+1)^2} \leq \ln(k+1)-\ln k \leq \frac{1}{2}\left(\frac{1}{k}+\frac{1}{k+1}\right)$$

이다. 위의 부등식에 모두 시그마를 취하면

$$\sum_{k=1}^{n}\left\{\frac{1}{k+1}+\frac{1}{2(k+1)^2}\right\} \leq \ln(n+1) \leq \sum_{k=1}^{n}\frac{1}{2}\left(\frac{1}{k}+\frac{1}{k+1}\right)$$

이 성립한다.

논제 9

[1] $f'(x)=nx^{n-1}e^{1-x}-x^ne^{1-x}=(nx^{n-1}-x^n)e^{1-x}$

$$f''(x)=\{n(n-1)x^{n-2}-nx^{n-1}\}e^{1-x}-(nx^{n-1}-x^n)e^{1-x}$$
$$=x^{n-2}e^{1-x}(x^2-2nx+n^2-n)$$

따라서 $f''(x)=0$을 만족시키는 두 양의 실근 α, β는 근과 계수와의 관계에 의해

$\alpha+\beta=2n$, $\alpha\beta=n^2-n$이다.

이때, $f(\alpha)=\alpha^n e^{1-\alpha}$, $f(\beta)=\beta^n e^{1-\beta}$이므로

$f(\alpha)f(\beta)=(\alpha\beta)^n e^{2-\alpha-\beta}=\{n(n-1)\}^n e^{2-2n}$이다.

따라서

$$\left\{\frac{{}_{4n}\mathrm{P}_{2n}}{f(\alpha)f(\beta)}\right\}^{\frac{1}{n}}=\left\{\frac{4n(4n-1)\cdots(2n+1)}{n^n(n-1)^n e^{2-2n}}\right\}^{\frac{1}{n}}$$

$$=\left\{\frac{1}{e^{2-2n}}\times\frac{(3n+1)(3n+2)\cdots(3n+n)}{n^n}\times\frac{(2n+1)(2n+2)\cdots(2n+n)}{(n-1)^n}\right\}^{\frac{1}{n}}$$

$$=\left\{\frac{1}{e^{2-2n}}\times\left(\frac{3n+1}{n}\times\frac{3n+2}{n}\times\cdots\times\frac{3n+n}{n}\right)\times\left(\frac{2n+1}{n-1}\times\frac{2n+2}{n-1}\times\cdots\times\frac{2n+n}{n-1}\right)\right\}^{\frac{1}{n}}$$

이고, 양변에 자연로그를 취하면

$$\ln\left(\frac{{}_{4n}\mathrm{P}_{2n}}{f(\alpha)f(\beta)}\right)^{\frac{1}{n}}=\frac{1}{n}\left\{\ln\frac{1}{e^{2-2n}}+\sum_{k=1}^{n}\ln\left(\frac{3n+k}{n}\right)+\sum_{k=1}^{n}\ln\left(\frac{2n+k}{n-1}\right)\right\}$$
$$=\frac{1}{n}\left\{2n-2+\sum_{k=1}^{n}\ln\left(3+\frac{k}{n}\right)+\sum_{k=1}^{n}\ln\left(2+\frac{k}{n}\right)+n\ln\frac{n}{n-1}\right\}$$

이다. 정적분과 급수의 합 사이의 관계에 의해

$$\lim_{n\to\infty}\ln\left(\frac{{}_{4n}\mathrm{P}_{2n}}{f(\alpha)f(\beta)}\right)^{\frac{1}{n}}=\lim_{n\to\infty}\left\{2-\frac{2}{n}+\frac{1}{n}\sum_{k=1}^{n}\ln\left(3+\frac{k}{n}\right)+\frac{1}{n}\sum_{k=1}^{n}\ln\left(2+\frac{k}{n}\right)+\ln\frac{n}{n-1}\right\}$$
$$=2+\int_2^3 \ln x\,dx+\int_3^4 \ln x\,dx=2+\int_2^4 \ln x\,dx$$
$$=2+[x\ln x-x]_2^4=2+(4\ln4-4)-(2\ln2-2)=6\ln2$$

따라서 $\displaystyle\lim_{n\to\infty}\left(\frac{{}_{4n}\mathrm{P}_{2n}}{f(\alpha)f(\beta)}\right)^{\frac{1}{n}}=2^6=64$ 이다.

[2] $f'(x)=nx^{n-1}e^{1-x}-x^ne^{1-x}=(n-x)x^{n-1}e^{1-x}$ 이므로

$x\geq0$ 에서 $f(x)$ 의 증감표는 아래와 같다.

x	0	$\cdots$	n	$\cdots$
$f'(x)$	0	+	0	−
$f(x)$	0	↗		↘

따라서, $f(x)$ 는 $x=n$ 에서 극댓값 $f(n)=n^ne^{1-n}$ 을 가진다.

이는 $x\geq0$ 에서 $f(x)$ 의 최댓값이 된다.

이제 $n^n e^{1-n} \le n!$ 임을 보이자.

(i) $n=1$ 일 때 (좌변) $=1^1 e^0 = 1$, (우변) $= 1! = 1$ 이므로 성립한다.

(ii) $n \ge 2$ 일 때

$y=\ln x$ 는 증가함수이므로 $\int_{k-1}^{k} \ln x dx < \ln k$ 이다. (단, $k=2, 3, 4, \cdots$)

k 에 $2, 3, \cdots, n$ 을 차례로 대입하여 더하면 $\sum_{k=2}^{n}\int_{k-1}^{k} \ln x dx < \sum_{k=2}^{n} \ln k$ 이다.

좌변을 계산하면, $\int_{1}^{n} \ln x dx = [x\ln x - x]_1^n = n\ln n - n + 1 = \ln n^n e^{1-n}$ 이고,

우변을 계산하면, $\ln 2 + \ln 3 + \cdots + \ln n = \ln(n!)$ 이다. 따라서, $\ln n^n e^{1-n} \le \ln n!$ 이다. 즉, $n^n e^{1-n} \le n!$ 이다.

(i)과 (ii)에 의해 $n^n e^{1-n} \le n!$ 이다. ($n=1, 2, 3, \cdots$) 즉, $x^n e^{1-x} \le n^n e^{1-n} \le n!$ 이다.

논제 10

[1] $f(x)=g(x) \Leftrightarrow \sin x=\cos x$ 이므로 $\tan x=1$ 이다.

이때 $x=\frac{\pi}{4}, \frac{5}{4}\pi, \frac{9}{4}\pi, \cdots$ 이므로 수열 $\{a_n\}$은 첫째항이 $\frac{\pi}{4}$ 이고 공차가 π 인 등차수열이다.

즉, $a_n=\left(n-\frac{3}{4}\right)\pi$ (단, n은 자연수) 이고, $a_{10}-a_2=8\pi$ 이다.

[2] $a_n=\left(n-\frac{3}{4}\right)\pi$ 이므로 $\sum_{k=1}^{n}\frac{1}{a_k}=\frac{1}{\pi}\sum_{k=1}^{n}\frac{1}{k-\frac{3}{4}}=\frac{1}{a_1}+\frac{1}{\pi}\sum_{k=2}^{n}\frac{1}{k-\frac{3}{4}}$ 이다. 또한

$$\underbrace{\int_1^{n+\frac{3}{4}}\frac{1}{x-\frac{3}{4}}dx}_{=①} \le \underbrace{\sum_{k=1}^{n}\frac{1}{k-\frac{3}{4}}}_{=②}=\frac{1}{1-\frac{3}{4}}+\underbrace{\sum_{k=2}^{n}\frac{1}{k-\frac{3}{4}}}_{=③} \le \frac{1}{1-\frac{3}{4}}+\underbrace{\int_1^{n+\frac{3}{4}}\frac{1}{x-\frac{3}{4}}dx}_{=①}$$

임을 함수 $y=\frac{1}{x-\frac{3}{4}}$ 의 개형으로부터 알 수 있다. (① ~ ③를 표현한 아래 네 그림을 비교하면서 이해해보자.)

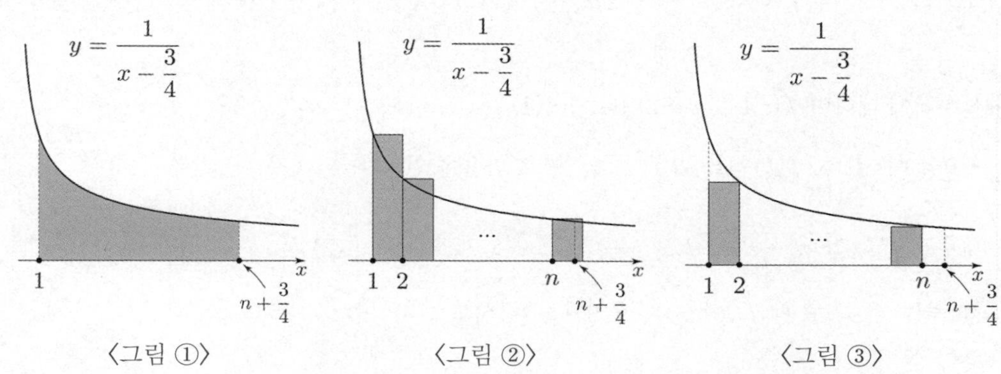

〈그림 ①〉 〈그림 ②〉 〈그림 ③〉

로그함수의 적분법을 이용하면 $\int_1^{n+\frac{3}{4}}\frac{1}{x-\frac{3}{4}}dx=\ln n+\ln 4$ 이므로, 따라서

$\frac{1}{\pi}(\ln n+\ln 4)\le \sum_{k=1}^{n}\frac{1}{a_k}\le \frac{1}{\pi}(4+\ln n+\ln 4)$ 이다. 샌드위치 정리에 의하여 $\lim_{n\to\infty}\frac{1}{\ln n}\sum_{k=1}^{n}\frac{1}{a_k}=\frac{1}{\pi}$ 이다.

[3] $a_n \le x \le a_{n+1}$일 때,

$$\left|\int_{a_n}^{a_{n+1}}\frac{\sin x-\cos x}{a_{n+1}}dx\right| \le \left|\int_{a_n}^{a_{n+1}}\frac{\sin x-\cos x}{x}dx\right| \le \left|\int_{a_n}^{a_{n+1}}\frac{\sin x-\cos x}{a_n}dx\right|$$

이고 $\left|\int_{a_n}^{a_{n+1}}(\sin x-\cos x)dx\right|=2\sqrt{2}$ 이므로,

$$\lim_{n\to\infty}\frac{1}{\ln n}\sum_{k=1}^{n}\frac{2\sqrt{2}}{a_{k+1}} \le \lim_{n\to\infty}\frac{1}{\ln n}\sum_{k=1}^{n}A_k \le \lim_{n\to\infty}\frac{1}{\ln n}\sum_{k=1}^{n}\frac{2\sqrt{2}}{a_k}$$

이다. 따라서 **[2]**에 의하여 $\lim_{n\to\infty}\frac{1}{\ln n}\sum_{k=1}^{n}A_k=\frac{2\sqrt{2}}{\pi}$ 임을 알 수 있다.

Show and Prove

CHAPTER

3

Advanced 미적분

논제 11

[1] $x<0$일 때 $f(x)=x+k$를 주어진 식에 대입하면 다음 항등식을 얻는다.

$$x+k=f(x)=\int_0^x \sqrt{k-2}\,dt+x+2=(\sqrt{k-2}+1)x+2 \quad (x<0)$$

이 식을 만족시키는 상수 k를 구하면 $k=2$이다.

[다른 풀이 1]

조건 (가)의 식 $f(x)=\int_0^x \sqrt{f(t)-t-2}\,dt+x+2$에서 $\sqrt{f(t)-t-2}$가 계산되려면 다음이 성립해야 함을 알 수 있다.

임의의 실수 x에 대하여 $f(x)\ge x+2$이다. … (1)

또한 $x<0$일 때 $\int_0^x \sqrt{f(t)-t-2}\,dt\le 0$이므로 다음을 얻는다.

$$f(x)=\int_0^x \sqrt{f(t)-t-2}\,dt+x+2\le x+2 \quad (x<0) \cdots (2)$$

(1), (2)로부터 $x<0$일 때 $f(x)=x+2$이다. 따라서 $k=2$이다.

[다른 풀이 2]

조건 (가)를 이용하면 임의의 실수 x에 대하여 $f'(x)=\sqrt{f(x)-x-2}+1$이다. 그런데 $x<0$에서 $f'(x)=1$이므로 $0=\sqrt{x+k-x-2}=\sqrt{k-2}$이다. 따라서 $k=2$이다.

[2] 조건 (가)를 이용하면 임의의 실수 x에 대하여

$$f'(x)=\sqrt{f(x)-x-2}+1 \quad \cdots (3)$$

$$f'(x)-1=\sqrt{f(x)-x-2}$$

이고, 조건 (나)에 의해 모든 실수 $x>2$에 대하여, $f(x)>x+2$이므로

$$\frac{f'(x)-1}{\sqrt{f(x)-x-2}}=1 \text{ (단, } x>2)$$

이다. $t=f(x)-x-2$라 두고 치환적분법을 이용하여 계산하면

$$\int \frac{f'(x)-1}{\sqrt{f(x)-x-2}}dx=\int 1\,dx \Leftrightarrow 2\sqrt{f(x)-x-2}=x+C \text{ (단, } x>2)$$

이다. $f(4)=7$임을 이용하면 $C=-2$이고, 양변을 제곱하여 계산하면

$f(x)=\frac{1}{4}(x-2)^2+x+2=\frac{1}{4}x^2+3 \quad (x>2)$이다.

[3] 2-1, 2-2의 계산 결과와 함수 f의 연속성에 의해 $f(x)=\begin{cases} x+2 & (x \le 0) \\ \frac{1}{4}x^2+3 & (x \ge 2) \end{cases}$ 이므로

$f(0)=2$이고 $f(2)=4$이다.

또한 식 (3)으로부터 임의의 실수 x에 대하여 $f'(x) \ge 1$이다. ⋯ (4)

만일 $0 < x_0 < 2$이고 $f(x_0) > x_0+2$인 x_0이 존재하면 평균값 정리에 의해

$f'(c)=\dfrac{f(2)-f(x_0)}{2-x_0}=\dfrac{4-f(x_0)}{2-x_0}$ 인 c가 x_0과 2 사이에 존재하게 되는데

$\dfrac{4-f(x_0)}{2-x_0} < \dfrac{4-(x_0+2)}{2-x_0}=\dfrac{2-x_0}{2-x_0}=1$이므로 $f'(c)<1$이어야 한다.

이는 식 (4)에 모순이다.

그러므로 $0<x<2$일 때 $f(x) \le x+2$이다.

따라서 식 (1)에 의해 $f(x)=x+2 \ (0<x<2)$이다.

결국 $f(x)=\begin{cases} x+2 & (x \le 2) \\ \frac{1}{4}x^2+3 & (x \ge 2) \end{cases}$ 이고 $f(x)$는 문제의 모든 조건을 만족시킨다.

그러므로 $f(1)=3$이다.

[다른 풀이]

[1] , **[2]** 의 계산 결과와 함수 f의 연속성을 이용하면 $f(x)=\begin{cases} x+2 & (x \le 0) \\ \frac{1}{4}x^2+3 & (x \ge 2) \end{cases}$ 이므로 $f(0)=2$이고

$f(2)=4$이다. $g(x)=f(x)-x-2$라 두면 $g'(x)=\sqrt{f(x)-x-2} \ge 0$이므로 $g(x)$는 감소하지 않는다.

그런데 $g(0)=g(2)=0$이므로 $0<x<2$일 때 $g(x)=0$, 즉 $f(x)=x+2 \ (0<x<2)$이다.

이후의 풀이는 앞에서와 같다.

논제 12

[1] 함수 $f(x)$의 이계도함수를 구하면

$$f''(x)=f'(x)(2-f(x))-f(x)f'(x)$$
$$=2f'(x)(1-f(x))=2f(x)(1-f(x))(2-f(x))$$

또한 함수 $f(x)$가 $0<f(x)<2$이면 $f'(x)$의 값이 양이므로 제시문 (가)에 의하여 함수 $f(x)$는 증가한다.
따라서 제시문 (다)에 의하여 $f(a)=1$인 점 $\mathrm{P}(a,\ 1)$이 반드시 존재하고 $f''(a)=0$이다.
그리고 $x=a$의 좌우에서 $f''(x)$의 부호가 양에서 음, 즉 아래로 볼록에서 위로 볼록으로 바뀌므로
제시문 (나)에 의하여 $\mathrm{P}(a,\ 1)$는 곡선 $f(x)$의 변곡점이다.

[2] 모든 실수 x에 대하여 $0<f(x)<2$이므로

$$\frac{f'(x)}{f(x)(2-f(x))}=1$$

이고 양변을 x에 대하여 부정적분하면

$$\int\frac{f'(x)}{f(x)(2-f(x))}dx=\int 1dx \ \cdots ①$$

제시문 (라)에 의하여 $y=f(x)$로 치환하면 $dy=f'(x)dx$이고

$$\int\frac{f'(x)}{f(x)(2-f(x))}dx=\int\frac{1}{y(2-y)}dy$$
$$=\frac{1}{2}\int\left(\frac{1}{y}+\frac{1}{2-y}\right)dy$$
$$=\frac{1}{2}(\ln y-\ln(2-y))$$

① 에서

$$\frac{1}{2}(\ln y-\ln(2-y))=x+c\ (\text{상수 } c)\ \Rightarrow\ \ln y-\ln(2-y)=\ln\frac{y}{2-y}=2x+2c$$

양변에 지수함수를 취하면

$$\frac{y}{2-y}=e^{2x}e^{2c}\ \cdots ②$$

이고 $x=0$일 때 $f(0)=y=\frac{1}{3}$이므로 ②에서 $e^{2c}=\frac{1}{5}$이다.

$$\Rightarrow\ \frac{y}{2-y}=\frac{1}{5}e^{2x}$$

$$\therefore\ y=f(x)=\frac{2e^{2x}}{5+e^{2x}}=\frac{2}{1+5e^{-2x}}$$

논제 13

[1] $f(x+y)=2023^{y}f(x)+2023^{x}f(y)$에 $x=y=0$을 대입하면, $f(0)=0$을 얻을 수 있다.

$f(x+y)=2023^{y}f(x)+2023^{x}f(y)$에 $y=h$를 대입하면, $f(x+h)=2023^{h}f(x)+2023^{x}f(h)$이다. 양변에서 $f(x)$를 빼고 $h\neq 0$인 h로 나누면 $f(0)=0$이므로

$$\frac{f(x+h)-f(x)}{h}=\frac{2023^{h}-1}{h}f(x)+2023^{x}\frac{f(h)-f(0)}{h}$$

를 얻는다. h를 0으로 보내는 극한을 취하면,

$$\lim_{h\to 0}\frac{f(x+h)-f(x)}{h}=\lim_{h\to 0}\frac{2023^{h}-1}{h}f(x)+2023^{x}\lim_{h\to 0}\frac{f(h)-f(0)}{h}$$

을 얻고 미분계수 및 도함수의 정의에 의해 $f'(x)=\ln 2023 f(x)+2023^{x}f'(0)$을 얻는다.
정리하면 $f'(x)-f(x)\ln 2023=2023^{x}f'(0)$이다.

[2] 곱의 미분법에 의해 $\{2023^{-x}f(x)\}'=-2023^{-x}\ln 2023 f(x)+2023^{-x}f'(x)$이다. **[1]**에 의해

$f'(x)-f(x)\ln 2023=2023^{x}f'(0)$ 이므로

$\{2023^{-x}f(x)\}'=-2023^{-x}\ln 2023 f(x)+2023^{-x}f'(x)=f'(0)$이다.

$h(x)=2023^{-x}f(x)$이라 하면, 모든 실수 x에 대해 함수 $h'(x)=f'(0)$은 상수함수이므로

$h(x)=f'(0)x+C$이다. (단, C는 적분상수)

$h(0)=f(0)=0$이므로 $C=0$이다. 따라서 $2023^{-x}f(x)=h(x)=f'(0)x$이고

$f(x)=f'(0)x\,2023^{x}$이다.

$f(2023)=2023$이므로 $f'(0)=2023^{-2023}$이다. 따라서 $f(x)=x\,2023^{x-2023}$이다.

[3] $g(x+y)=2023^{xy(2x^{2}+3xy+2y^{2})}g(x)g(y)$에 $x=y=0$을 대입하면, $g(0)=g(0)g(0)$이고 모든 실수 x에 대해서 함숫값 $g(x)$는 양의 실수이므로 $g(0)=1$이다.

$2023^{xy(2x^{2}+3xy+2y^{2})}=2023^{\frac{(x+y)^{4}}{2}-\frac{x^{4}}{2}-\frac{y^{4}}{2}}$ 이므로 조건 (II)에 의해,

$2023^{-\frac{(x+y)^{4}}{2}}\times g(x+y)=2023^{-\frac{x^{4}}{2}}\times g(x)\times 2023^{-\frac{y^{4}}{2}}\times g(y)$ 임을 알 수 있다.

$k(x)=\log_{2023}\left\{2023^{-\frac{x^{4}}{2}}g(x)\right\}$라 하면, $k(x+y)=k(x)+k(y)$가 모든 실수 x, y에 대해 성립한다.

$g(0)=1$이므로 $k(0)=\log_{2023}g(0)=0$이다.

$k(x+h)-k(x)=k(h)-k(0)$이므로 $k'(x)=\lim_{h\to 0}\frac{k(x+h)-k(x)}{h}$에서 $k'(x)=k'(0)$을 얻고

$k(0)=0$이므로 $k(x)=cx$인 상수 c가 존재한다.

$g(x)=2023^{\frac{x^{4}}{2}+cx}$이고 $g(2023)=2023$이므로 $c=-\frac{2023^{3}}{2}+\frac{1}{2023}$이다.

따라서 $g(x)=2023^{\frac{x^{4}-2023^{3}x}{2}+\frac{x}{2023}}$이다.

논제 14

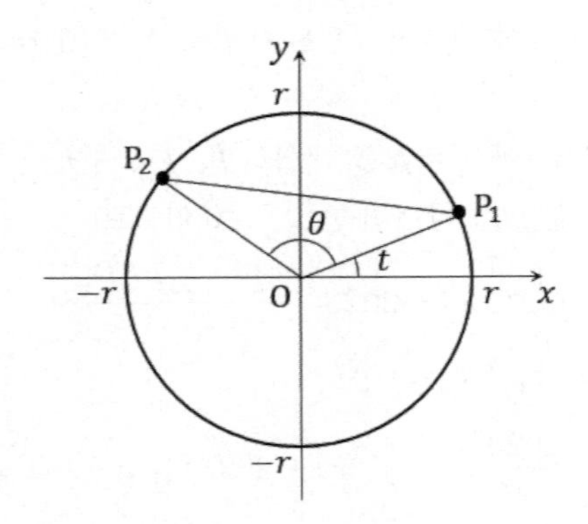

$\theta = \dfrac{2\pi}{n} = \angle P_1OP_2 = \cdots = \angle P_{n-1}OP_n = \angle P_nOP_1$ 이라 하자. (cf. θ는 이 문제에서 상수이다.)

매개변수 t가 동경 OP_1이 나타내는 각의 크기일 때, 점 P_1의 좌표 (x_1, y_1)을 나타내는 함수를 $x_1 = f_1(t)$, $y_1 = g_1(t)$, 점 P_2의 좌표 (x_2, y_2)를 나타내는 함수를 $x_2 = f_2(t)$, $y_2 = g_2(t)$라고 하자.

위 그림에서 $\overline{OP_1} = \overline{OP_2} = r(t)$이라 하면

$f_1(t) = r(t)\cos t$, $g_1(t) = r(t)\sin t$, $f_2(t) = r(t)\cos(t+\theta)$, $g_2(t) = r(t)\sin(t+\theta)$이다.

(cf. 각 점은 이웃한 점들을 향해 운동하기 때문에, 각 점으로부터 원점까지의 거리는 1로 고정이 되는 것이 아니고 t에 따라 바뀐다. 따라서 상수가 아닌 함수 $r(t)$로 쓰는 것이 맞다. 이 부분을 제일 어려워하는 듯)

삼각함수의 덧셈정리에 의해,

$$f_2 = r\cos t\cos\theta - r\sin t\sin\theta = f_1\cos\theta - g_1\sin\theta,$$

$$g_2 = r\sin t\cos\theta + r\cos t\sin\theta = g_1\cos\theta + f_1\sin\theta$$

이다. (cf. $f_2 = f_2(t)$를 의미한다. 변수를 제거한 버전)

각 점의 운동방향에 대한 문제 조건에 의하여 $\dfrac{dy_1}{dx_1} = \dfrac{\frac{dy_1}{dt}}{\frac{dx_1}{dt}} = \dfrac{g_1'(t)}{f_1'(t)}$ 이 직선 P_1P_2의 기울기

$\dfrac{-g_1\times(1-\cos\theta)+f_1\sin\theta}{-f_1\times(1-\cos\theta)-g_1\sin\theta}$ 와 같으므로, $(f_1'g_1 - f_1g_1')(1-\cos\theta) = (f_1'f_1 + g_1'g_1)\sin\theta$이다.

$f_1'(t) = r'(t)\cos t - r(t)\sin t$, $g_1'(t) = r'(t)\sin t + r(t)\cos t$이므로

$f_1'g_1 - f_1g_1' = -r^2$이고 $f_1'f_1 + g_1'g_1 = r'r$이므로, $-r^2(1-\cos\theta) = r'r\sin\theta$이다.

$r(t) > 0$이므로, $\dfrac{r'(t)}{r(t)} = -\dfrac{1-\cos\theta}{\sin\theta}$이고, $\dfrac{1-\cos\theta}{\sin\theta} = \dfrac{1-\cos\frac{2\pi}{n}}{\sin\frac{2\pi}{n}} = \alpha$ (α는 문제의 상수)이므로

$\dfrac{r'(t)}{r(t)} = -\alpha$의 양변을 적분하면 $r(t) = ke^{-\alpha t}$ (단, $k > 0$)이고,

$t = 0$일 때 $r = 1$이므로 이 값들을 대입해보면 $k = 1$임을 알 수 있다.

따라서, $f_1(t) = e^{-\alpha t}\cos t$, $g_1(t) = e^{-\alpha t}\sin t$이고, 점 P_1이 y축과 처음으로 만날 때는 $t = \dfrac{\pi}{2}$일 때이므로,

점 P_1이 움직인 거리는 $\displaystyle\int_0^{\frac{\pi}{2}} \sqrt{\{f_1'(t)\}^2 + \{g_1'(t)\}^2}\,dt = \int_0^{\frac{\pi}{2}} \sqrt{\alpha^2+1}\,e^{-\alpha t}\,dt = \frac{\sqrt{\alpha^2+1}}{\alpha}\left(1 - e^{-\frac{\pi\alpha}{2}}\right)$이다.

논제 15

[1] 1 보다 큰 자연수 n 에 대하여, $(1+n)^{\frac{1}{n}} < 1+\sqrt{\dfrac{2}{n-1}}$ 의 양변이 양수이므로,

양변을 n 제곱하여 얻게 되는 부등식

$$1+n < \left(1+\sqrt{\frac{2}{n-1}}\right)^n \cdots (1)$$

이 성립함을 보이면 된다. 제시문 [가]를 이용하여 (1)의 우변을 전개하면,

$$\left(1+\sqrt{\frac{2}{n-1}}\right)^n$$

$$= {}_nC_0 + {}_nC_1\left(\sqrt{\frac{2}{n-1}}\right) + {}_nC_2\left(\sqrt{\frac{2}{n-1}}\right)^2 + \cdots + {}_nC_r\left(\sqrt{\frac{2}{n-1}}\right)^r + \cdots + {}_nC_n\left(\sqrt{\frac{2}{n-1}}\right)^n \cdots (2)$$

를 얻게 된다. (2)의 우변의 각 항이 양수이므로,

$${}_nC_0 + {}_nC_1\left(\sqrt{\frac{2}{n-1}}\right) + {}_nC_2\left(\sqrt{\frac{2}{n-1}}\right)^2 + \cdots + {}_nC_r\left(\sqrt{\frac{2}{n-1}}\right)^r + \cdots + {}_nC_n\left(\sqrt{\frac{2}{n-1}}\right)^n$$

$$> {}_nC_0 + {}_nC_2\left(\sqrt{\frac{2}{n-1}}\right)^2 = 1 + \frac{n(n-1)}{2} \times \frac{2}{n-1} = 1+n$$

이다. 따라서, 부등식

$$1+n < \left(1+\sqrt{\frac{2}{n-1}}\right)^n \quad (n \text{ 은 } 1 \text{ 보다 큰 자연수})$$

이 성립한다.

[2] (i) 임의의 양의 실수 x 에 대하여 $p(x) = \ln\left(1+\dfrac{1}{x}\right) - \dfrac{1}{x+1}$ 이라고 할 때, $p(x) > 0$ 임을 보이자.

$$p'(x) = \frac{-\dfrac{1}{x^2}}{1+\dfrac{1}{x}} + \frac{1}{(x+1)^2} = -\frac{1}{x(x+1)} + \frac{1}{(x+1)^2} = -\frac{1}{x(x+1)^2} < 0$$

이므로 제시문 [나]에 의하여 $p(x)$ 는 구간 $(0, \infty)$ 에서 감소한다. 또한,

$$\lim_{x\to\infty} p(x) = \lim_{x\to\infty} \ln\left(1+\frac{1}{x}\right) - \lim_{x\to\infty} \frac{1}{x+1} = 0-0=0$$

이다. 따라서 $p(x) > 0$ 이다.

(ii) 임의의 양의 실수 x 에 대하여 $q(x) = \dfrac{1}{\sqrt{x(x+1)}} - \ln\left(1+\dfrac{1}{x}\right)$ 이라고 할 때, 위와 같은 방법으로

$q(x) > 0$ 임을 보이자.

$$q'(x) = -\frac{2x+1}{2x(x+1)\sqrt{x(x+1)}} + \frac{1}{x(x+1)} = -\frac{(2x+1)-2\sqrt{x(x+1)}}{2x(x+1)\sqrt{x(x+1)}} < 0$$

이다. 여기서, $(2x+1)^2 - \left(2\sqrt{x(x+1)}\right)^2 = 1 > 0$ 이고 $2x+1>0$, $2\sqrt{x(x+1)} > 0$이므로 분자가 양수임을 이용하였다. 그러므로 제시문 [나]에 의하여 $q(x)$ 는 구간 $(0, \infty)$ 에서 감소한다. 또한,

$$\lim_{x\to\infty} q(x) = \lim_{x\to\infty} \frac{1}{\sqrt{x(x+1)}} - \lim_{x\to\infty} \ln\left(1+\frac{1}{x}\right) = 0-0=0$$

이다. 따라서 $q(x) > 0$ 이다.

그러므로 (i), (ii)에 의하여 주어진 부등식이 성립한다.

[3] $x>0$ 이면 $f(x)=\left(1+\frac{1}{x}\right)^{x}>0$ 이므로 자연로그를 취할 수 있다. $f(x)=\left(1+\frac{1}{x}\right)^{x}$ 의 양변에 자연로그를

취하면 $\ln f(x)=x\ln\left(1+\frac{1}{x}\right)$ 이다. 양변을 x 에 대하여 미분하면

$$\frac{f'(x)}{f(x)}=\ln\left(1+\frac{1}{x}\right)+x\times\left(-\frac{1}{x(x+1)}\right)=\ln\left(1+\frac{1}{x}\right)-\frac{1}{x+1}$$

이므로 문항 [2]에 의하여 $f'(x)=p(x)f(x)>0$ 이다. 따라서, 제시문 [나]에 의하여 $f(x)$ 는 구간 $(0,\infty)$ 에서 증가한다.

[4] 문항 [3]에 의하여 $f(x)$ 가 열린구간 $(0,\infty)$ 에서 증가하고 $\lim_{x\to\infty}f(x)=\lim_{x\to\infty}\left(1+\frac{1}{x}\right)^{x}=e$ 이므로

$f(x)<e\ (x>0)$이다.

따라서 $x>1$ 이면 $f(x)<e<3=g(x)$ 이다.

한편, $0<x\le 1$ 이면 $\frac{1}{x}\ge 1$이므로 $\frac{1}{x}$ 의 정수 부분인 n 에 대하여 $1\le n\le\frac{1}{x}<n+1$ 을 만족한다.

따라서 $0<x\le\frac{1}{n}\le 1$이므로 문항 [3]과 $g(x)$ 의 정의에 의하여 $f(x)\le f\left(\frac{1}{n}\right)=g(x)$ 이다.

그러므로 임의의 양의 실수 x 에 대하여 $f(x)\le g(x)$ 이다.

[5] $\lim_{n\to\infty}\left(1+\sqrt{\frac{2}{n-1}}\right)=1$ 이고 문항 [1] 로부터

$1<(1+n)^{\frac{1}{n}}<1+\sqrt{\frac{2}{n-1}}$ (n 은 1보다 큰 자연수)

이므로 제시문 [다]에 의하여 $\lim_{n\to\infty}(1+n)^{\frac{1}{n}}=1$ 이다. 따라서 $\lim_{x\to 0+}g(x)=1$ 이다.

또한, $\lim_{x\to 0+}g(x)=1$ 이고 문항 [4] 로부터 $1<f(x)\le g(x)\ (x>0)$이므로 제시문 [다]에 의하여

$\lim_{x\to 0+}f(x)=1$ 이다.

한편, 문항 [3] 으로부터 $f'(x)=p(x)f(x)$ 이므로,

$f''(x)=p'(x)f(x)+p(x)f'(x)=f(x)\{p'(x)+(p(x))^2\}$

이다. 또한

$$\begin{aligned}p'(x)+(p(x))^2&=\frac{1}{(x+1)^2}-\frac{1}{x(x+1)}+\left\{\ln\left(1+\frac{1}{x}\right)-\frac{1}{x+1}\right\}^2\\&=\frac{2}{(x+1)^2}-\frac{1}{x(x+1)}-\frac{2}{x+1}\times\ln\left(1+\frac{1}{x}\right)+\left\{\ln\left(1+\frac{1}{x}\right)\right\}^2\\&=\frac{2}{x+1}\left\{\frac{1}{x+1}-\ln\left(1+\frac{1}{x}\right)\right\}+\left\{\ln\left(1+\frac{1}{x}\right)+\frac{1}{\sqrt{x(x+1)}}\right\}\left\{\ln\left(1+\frac{1}{x}\right)-\frac{1}{\sqrt{x(x+1)}}\right\}\\&=-\frac{2}{x+1}\times p(x)-\left\{\ln\left(1+\frac{1}{x}\right)+\frac{1}{\sqrt{x(x+1)}}\right\}\times q(x)\end{aligned}$$

이다. 문항 [2] 로부터 $p(x)>0$ 이고 $q(x)>0$ 이므로 $p'(x)+(p(x))^2<0$ 이다. 따라서 구간 $(0,\infty)$ 에서 $f''(x)<0$ 이므로 곡선 $y=f(x)$ 는 위로 볼록하며 변곡점은 존재하지 않는다.

함수 $y=f(x)$ 의 그래프의 개형을 그리기 위하여 제시문 [라]의 내용을 확인하면 다음과 같다.

① 정의역: $\{x\,|\,x>0$ 인 실수$\}$, 치역: $\{y\,|\,1<y<e$ 인 실수$\}$

② 좌표축과의 교점은 없다.

③ 열린구간 $(0, \infty)$ 에서 $f(x)$ 는 증가한다.

$f(x)$ 의 극값은 존재하지 않는다.

곡선 $y=f(x)$ 는 위로 볼록하며 변곡점은 존재하지 않는다.

④ 점근선: $y=e$

따라서 함수 $y=f(x)$ 의 그래프의 개형은 다음 그림과 같다.

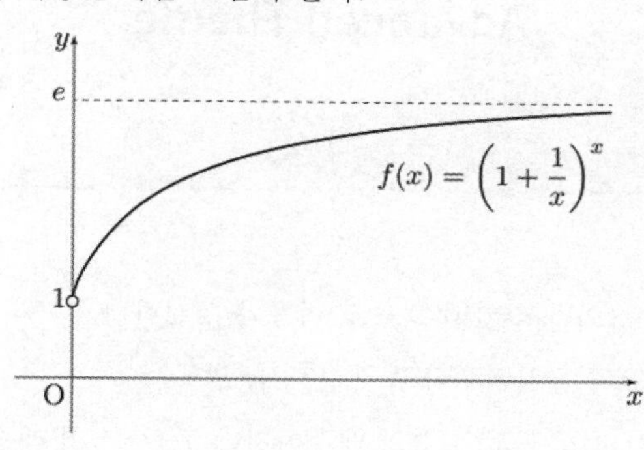

Show and Prove

CHAPTER

4

Advanced Theme

논제 16

[1] (i) $n=1$일 때, $b_1=2$이고 2는 3의 배수가 아니므로 명제가 성립한다.

(ii) $n=k$일 때 b_k가 3의 배수가 아닌 자연수라고 가정하자.10)

즉, $b_{k+1}=b_k^{\,2}-3(b_k-1)$에서 $3(b_k-1)$는 3의 배수이지만 $b_k^{\,2}$는 3의 배수가 아니므로 b_{k+1}는 3의 배수가 아니다.

즉, $n=k+1$일 때에도 명제가 성립하므로, 모든 자연수 n에 대하여 b_n이 3의 배수가 아니다.

[2] 수열 $\{b_n\}$이 서로소 수열임을 증명해 보자.

수열 $\{b_n\}$은 $b_1=2$이고 임의의 자연수 n에 대하여 $b_{n+1}=b_n^{\,2}-3b_n+3$을 만족한다. 이제 위 식을 변형하면,

$$b_{n+1}-3=b_n^{\,2}-3b_n=b_n(b_n-3)\ \cdots\ ①$$

이다. 따라서 임의의 두 자연수 n과 m $(n>m)$에 대하여 ①식을 반복하여 적용하면

$$b_n-3=b_{n-1}b_{n-2}\cdots b_m(b_m-3)$$

이다. 이제 b_n과 b_m의 공약수를 k라 하면 $b_n-b_{n-1}b_{n-2}\cdots b_m(b_m-3)=3$에서 k가 좌변의 약수이므로 k는 3의 약수이어야 한다. 그러나, b_n는 3의 배수가 아니므로, $k\neq 3$이고, 따라서, $k=1$이다. 즉, b_n과 b_m은 서로소이다. 그러므로 위와 같이 정의된 수열 $\{b_n\}$은 서로소 수열이다.

10) 귀류법 하려는 거 아니다. 수학적 귀납법 중이므로, 착각 금지!!

논제 17

[1] $n=p^k$이면 양의 약수의 총합은 $1+p+p^2+\ldots+p^k=\dfrac{p^{k+1}-1}{p-1}$이다.

n이 완전수라 가정하면 $\dfrac{p^{k+1}-1}{p-1}=2n=2p^k$이다.

따라서, $p^{k+1}-1=2p^{k+1}-2p^k$,즉, $p^k(p-2)=-1$이다. 이때 $p=2$이면 $0=-1$이므로 모순이고, $p>2$이면 k는 자연수이므로 좌변은 p의 배수이나 우변은 p의 배수가 아니므로 모순이다.
그러므로 n은 완전수가 될 수 없다.

[2] m이 홀수이므로 n의 양의 약수들은 m의 양의 약수를 1배, 2배, 4배, 8배한 수이다.
따라서 m의 양의 약수의 총합을 $f(m)$이라 하면, n의 양의 약수의 총합은 $(1+2+4+8)f(m)=15f(m)$이다.
따라서 n이 완전수라면 $15f(m)=16m$을 만족시킨다. 그러므로 m은 15의 배수이다.
$m=15k$ (단, k는 자연수) 로 두면 $f(m)=16k$이다. 여기서 $k\geq 1$이므로 k, $3k$, $5k$, $15k$가 모두 서로 다른 m의 양의 약수의 일부분이고 따라서 $f(m)\geq k+3k+5k+15k=24k$가 되는데, 이는 모순이다.
따라서, n은 완전수가 아니다.

논제 18

[1] 첫째항이 a 이고 공차가 1 인 수열 $\{a_n\}$ 에 대하여 $\sum_{k=1}^{m} a_k = \sum_{k=1}^{m}(a+k-1)= am+\frac{m(m-1)}{2}$

이고, 이 합이 N보다 작거나 같아야 하므로 $am+\frac{m(m-1)}{2} \leq N$이다.

따라서 $a \leq \frac{N}{m}-\frac{m-1}{2}$ 을 만족해야 하고, a는 $\frac{N}{m}-\frac{m-1}{2}$ 보다 작거나 같은 자연수가 될 수 있다. N을 m

으로 나눈 나머지는 r이고 m은 홀수이므로, $\frac{N}{m}-\frac{m-1}{2}$ 보다

작거나 같은 최대의 자연수는 $\frac{N-r}{m}-\frac{m-1}{2}$ 이다.

따라서 $g_N(m)=\frac{N-r}{m}-\frac{m-1}{2}$ 이다.

[2] 1 부터 홀수 m 까지의 자연수의 합이 200 이하가 되려면 $1+2+\cdots+m=\frac{m(m+1)}{2} \leq 200$

이므로 $m \leq 19$ 이다. 따라서 $\sum_{N=1}^{200} f(N)$은 19 이하인 홀수 m 에 대해 각각 $g_{200}(m)$ 을 구하여

$m \times g_{200}(m)$ 을 모두 더한 값과 같으므로

$$\sum_{N=1}^{200} f(N) = \sum_{k=1}^{10}\left[(2k-1)\times g_{200}(2k-1)\right]$$

200 을 m 으로 나눈 나머지를 r_m 이라 하면

$$\sum_{k=1}^{10}\left[(2k-1)\times g_{200}(2k-1)\right] = \sum_{k=1}^{10}\left[200-r_{2k-1}-(k-1)(2k-1)\right]$$
$$= 1990-\sum_{k=1}^{10} r_{2k-1}-2\sum_{k=1}^{10} k^2+3\sum_{k=1}^{10} k$$

200 을 19 이하의 홀수로 나눈 나머지는 아래 표와 같고, 이들의 합은 43 이다.

m	1	3	5	7	9	11	13	15	17	19
r_m	0	2	0	4	2	2	5	5	13	10

따라서 $\sum_{k=1}^{10}(2k-1)\times g_{200}(2k-1)= 1990-\frac{10\times 11\times 21}{3}+3\times 55-43=1342$ 이다.

논제 19

[1] - (a)

곡선 $f(x)=\ln(1+x)$는 원점 O를 지나며 위로 볼록인 함수이기 때문에,

두 점 $\mathrm{A}_n\left(\frac{1}{n}, \ln\left(1+\frac{1}{n}\right)\right)$, $\mathrm{A}_{n+1}\left(\frac{1}{n+1}, \ln\left(1+\frac{1}{n+1}\right)\right)$에 대하여 직선 OA_n의 기울기는 직선 OA_{n+1}의 기울기보다 더 작다.

따라서 $\dfrac{\ln\left(1+\frac{1}{n}\right)-0}{\frac{1}{n}-0} < \dfrac{\ln\left(1+\frac{1}{n+1}\right)-0}{\frac{1}{n+1}-0} \Rightarrow \left(1+\frac{1}{n}\right)^n < \left(1+\frac{1}{n+1}\right)^{n+1}$, 즉 $a_n < a_{n+1}$임을 알 수 있다.

[1] - (b)

제시문의 부등식에 의하여

$$\left(1+\frac{1}{n}\right)\times \ldots \times\left(1+\frac{1}{n}\right)\times 1 \le \left(\frac{\left(1+\frac{1}{n}\right)+\ldots+\left(1+\frac{1}{n}\right)+1}{n+1}\right)^{n+1}$$

$$\Leftrightarrow \left(1+\frac{1}{n}\right)^n \le \left(\frac{n+2}{n+1}\right)^{n+1} = \left(1+\frac{1}{n+1}\right)^{n+1} \text{ 이다.}$$

이 때 $1+\frac{1}{n}\neq 1$이므로 이 부등식의 등호는 성립할 수 없기 때문에 $\left(1+\frac{1}{n}\right)^n < \left(1+\frac{1}{n+1}\right)^{n+1}$,

즉 $a_n < a_{n+1}$임을 알 수 있다.

[2] $\left(1+\frac{1}{n}\right)^n \times \left(\frac{1}{p}\right)^q \le \left(\dfrac{n\times\left(1+\frac{1}{n}\right)+q\times\frac{1}{p}}{n+q}\right)^{n+q} = \left(\dfrac{n+1+\frac{q}{p}}{n+q}\right)^{n+q}$

$= (1)^{n+q} = 1$ $\quad$ ($\because$ 문제 조건으로부터 $1+\frac{q}{p}=q$)

이므로 $\left(1+\frac{1}{n}\right)^n \le p^q$ 임을 알 수 있다.

논제 20

[1] $f'(x)=\dfrac{1-abx^2}{x^2}\left\{\dfrac{1}{\left(abx+\dfrac{1}{a}+\dfrac{1}{b}+\dfrac{1}{x}\right)^2}-\dfrac{1}{ab}\right\}$ 이고 $a,\ b,\ x$ 는 1 이하이므로 $1-abx^2\geq 0$ 이다.

$\left(abx+\dfrac{1}{a}+\dfrac{1}{b}+\dfrac{1}{x}\right)^2\geq 9$, $\dfrac{1}{\left(abx+\dfrac{1}{a}+\dfrac{1}{b}+\dfrac{1}{x}\right)^2}\leq\dfrac{1}{9}$, $\dfrac{1}{ab}\geq 1$ 이므로

$\dfrac{1}{\left(abx+\dfrac{1}{a}+\dfrac{1}{b}+\dfrac{1}{x}\right)^2}-\dfrac{1}{ab}\leq 0$ 이다. 따라서 $f'(x)\leq 0$ 이다.

[2] $g(1)=h\left(a+2+\dfrac{1}{a}\right)$ 이 되도록 $h(x)=x+\dfrac{1}{x}$ 라고 정의하자. 단, $a+2+\dfrac{1}{a}\geq 4$ 이므로

$h(x)$ 는 $x\geq 4$ 에서 정의한다. 이제 $h'(x)=1-\dfrac{1}{x^2}$ 이고 $\dfrac{1}{x^2}\leq\dfrac{1}{16}\leq 1$ 이므로 $h'(x)\geq 0$ 이다. 그러므로

$h\left(2+a+\dfrac{1}{a}\right)\geq h(4)=4+\dfrac{1}{4}=\dfrac{17}{4}$ 이다.

따라서 $f(c)\geq f(1)=g(b)\geq g(1)=h\left(a+\dfrac{1}{a}+2\right)\geq h(4)=\dfrac{17}{4}$ 이고

이 값은 $a=b=c=1$ 일 때의 값이므로 M 의 최댓값은 $\dfrac{17}{4}$ 이다.

[3] 일반적으로 양의 실수 $A,\ B$ 에 대해 제시문의 식과 문항 2 의 과정을 반복하면

$$A(a+b+c+d)+\frac{B}{abc+abd+acd+bcd}=A\left(a+b+c+\frac{1}{abc}\right)+\frac{B}{abc+\dfrac{1}{a}+\dfrac{1}{b}+\dfrac{1}{c}}$$

$$f(x)=A\left(a+b+x+\frac{1}{abx}\right)+\frac{B}{abx+\dfrac{1}{a}+\dfrac{1}{b}+\dfrac{1}{x}}$$

$$f'(x)=\frac{1-abx^2}{x^2}\left\{\frac{B}{\left(abx+\dfrac{1}{a}+\dfrac{1}{b}+\dfrac{1}{x}\right)^2}-\frac{A}{ab}\right\}$$

$$\left(abx+\frac{1}{a}+\frac{1}{b}+\frac{1}{x}\right)^2\geq 9,\ \frac{B}{\left(abx+\dfrac{1}{a}+\dfrac{1}{b}+\dfrac{1}{x}\right)^2}\leq\frac{B}{9},\ \frac{A}{ab}\geq A$$

이므로 $A\geq\dfrac{B}{9}$ 이면 $f'(x)\leq 0$ 이다.

$$g(x)=A\left(a+x+1+\frac{1}{ax}\right)+\frac{B}{ax+\dfrac{1}{a}+\dfrac{1}{x}+1}$$

$$g'(x)=\frac{1-ax^2}{x^2}\left\{\frac{B}{\left(ax+\dfrac{1}{a}+\dfrac{1}{x}+1\right)^2}-\frac{A}{a}\right\}$$

이므로 $A\geq\dfrac{B}{9}$ 이면 $g'(x)\leq 0$ 이다.

$$h(x) = Ax + \frac{B}{x}\,,\; x \geq 4\,,\; h'(x) = A - \frac{B}{x^2}$$

에서 $\frac{B}{x^2} \leq \frac{B}{16} \leq \frac{B}{9}$ 이므로 $\frac{B}{9} \leq A$ 이면 $h'(x) \geq 0$ 이다.

$A = 2,\ B = 17$ 일 때, $\frac{17}{9} \leq 2$ 이므로 각 단계에 필요한 부등식을 모두 만족시킨다.

따라서 $h\left(2 + a + \frac{1}{a}\right) \geq h(4) = 4A + \frac{B}{4} = 8 + \frac{17}{4} = \frac{49}{4}$ 이고 이때 K의 최댓값은 $\frac{49}{4}$ 이다.

Show and Prove

CHAPTER

5

최근 기출 갈무리

논제 21

[1] $f(0)=c$, $f(1)=1+a+b+c$ 이므로 c는 정수이고 $a+b$도 정수이다.

$$f(2)=8+4a+2b+c=2a+2(a+b)+c+8$$

이므로 $2a$가 정수이다. 따라서 구하는 조건은 '$2a$, $a+b$, c가 모두 정수' 이다.

[2] [1] 의 풀이를 통해 c가 정수이고 실수 $2a$, $a+b$가 정수라고 하면

$$f(n)=n^3+an^2+bn+c=n^3+an(n-1)+(a+b)n+c$$

로 쓸 수 있다. 여기서 연속한 두 음이 아닌 정수의 곱 $n(n-1)$은 0 이거나 짝수이므로 $an(n-1)$은 정수이고 조건에 따라 $a+b$, c가 정수이므로, 음이 아닌 모든 정수 n에 대하여 $f(n)$이 정수이다.

[3] 음의 정수 m에 대하여

$$\begin{aligned} f(m) &= m^3+am^2+bm+c \\ &= (-m)^3+a(-m)^2+b(-m)+c+2bm+2m^3 \\ &= f(-m)+2bm+2m^3 \end{aligned}$$

로 쓸 수 있다. $2a$, $a+b$가 정수인 조건에 따라 $2b$가 정수이며 양의 정수 $-m$에 대하여 $f(-m)$도 정수이므로 $f(-m)+(2b\times m)+(2m^3)$도 정수이다.

[4] 구하는 순서쌍 $(a,\ b)$는 $1\le i,\ j\le k$ (i, j는 자연수)일 때,

$(0,\ 0)$, $(i,\ 0)$, $(0,\ j)$, $(i,\ j)$, $\left(i-\dfrac{1}{2},\ j-\dfrac{1}{2}\right)$이다. 따라서 구하는 순서쌍의 개수는

$2k^2+2k+1=2k(k+1)+1$ 이다. 따라서 구하는 순서쌍의 개수는 항상 홀수이다.

논제 22

삼각함수의 덧셈정리를 이용하여 식을 정리하면,

$\int_0^x f(t)\sin(x-t)dt = \int_0^x f(t)(\sin x\cos t - \cos x\sin t)dt$ 이다.

$\int_0^x f(t)(\sin x\cos t - \cos x\sin t)dt = \sin x\int_0^x f(t)\cos t dt - \cos x\int_0^x f(t)\sin t dt = \ln(1+x^2)$ - ①

①의 양변을 x 에 대하여 미분하면 다음 식을 얻는다.

$$\cos x\int_0^x f(t)\cos t dt + \sin x\int_0^x f(t)\sin t dt = \frac{2x}{1+x^2} \text{ - ②}$$

②× $\cos x$: $\cos^2 x\int_0^x f(t)\cos t dt + \cos x\sin x\int_0^x f(t)\sin t dt = \frac{2x}{1+x^2}\times\cos x$ - ③

①× $\sin x$: $\sin^2 x\int_0^x f(t)\cos t dt - \sin x\cos x\int_0^x f(t)\sin t dt = \sin x\times\ln(1+x^2)$ - ④

③과 ④를 더하면, $\int_0^x f(t)\cos t dt = \sin x\times\ln(1+x^2) + \frac{2x}{1+x^2}\cos x$ 를 얻는다.

이 식의 양변을 x 에 대하여 미분하여 정리하면, $f(x) = \left(\frac{2x}{1+x^2}\right)' + \ln(1+x^2)$

따라서, $\int_0^2 xf(x)dx = \int_0^2\left\{x\left(\frac{2x}{1+x^2}\right)' + x\ln(1+x^2)\right\}dx$ 를 부분적분과 치환적분을 이용하여 값을 구하면

$\frac{3}{2}\ln 5 - \frac{2}{5}$ 이다.

논제 23

[1] $u(t) = C + \int_0^t f(s)g(s)ds$ 의 양변을 t 에 대해 미분하면 $u'(t) = f(t)g(t)$

$u'(t) = f(t)g(t)$ 에 $f(x) \le C + \int_0^x f(s)g(s)ds$ 를 적용하면 $u'(t) = f(t)g(t) \le u(t)g(t)$

[2] $f(x) \le u(x)$ 이므로 $u(x) \le Ce^{\int_0^x g(s)ds}$ 임을 보이면 된다. 여기서 $h(x) = \frac{u(x)}{e^{\int_0^x g(s)ds}}$ 라 하자.

양변을 미분하면 $h'(x) = \frac{u'(x)e^{\int_0^x g(s)ds} - u(x)e^{\int_0^x g(s)ds}g(x)}{\left(e^{\int_0^x g(s)ds}\right)^2}$ 이다. [1]에 의해

$e^{\int_0^x g(s)ds}\{u'(x) - u(x)g(x)\} \le 0$ 이다. 또한, $h(0) = u(0) = C$이므로 $h(x) \le C$ 즉, $\frac{u(x)}{e^{\int_0^x g(s)ds}} \le C$

이므로 $u(x) \le Ce^{\int_0^x g(s)ds}$ 이고, $f(x) \le Ce^{\int_0^x g(s)ds}$ 가 성립한다.

논제 24

[1] 함수 $f(x)=e^x\sin x$를 미분하면 $f'(x)=e^x\sin x+e^x\cos x=e^x(\sin x+\cos x)$이고,

$x=\frac{3}{4}\pi$에서만 $f'(x)=0$이다. $x<\frac{3}{4}\pi$에서 $f'(x)>0$이므로 이 구간에서 $f(x)$가 증가하고 $x>\frac{3}{4}\pi$에서

$f'(x)<0$이므로 이 구간에서 $f(x)$가 감소한다. 그러므로 $f(x)$는 $x=\frac{3}{4}\pi$에서 최댓값

$f\left(\frac{3}{4}\pi\right)=e^{\frac{3}{4}\pi}\sin\frac{3}{4}\pi=e^{\frac{3}{4}\pi}\frac{1}{\sqrt{2}}$을 가진다. 따라서 $\theta=\frac{3}{4}\pi$이고 $M=e^{\frac{3}{4}\pi}\frac{1}{\sqrt{2}}$이다.

[2] [1]에 의해 $\theta=\frac{3}{4}\pi$이고 $M=e^{\frac{3}{4}\pi}\frac{1}{\sqrt{2}}$이므로 지수함수의 성질과 삼각함수의 덧셈정리에 의하여 아래의 등식을 얻는다.

$$\begin{aligned}f\left(\theta+\frac{1}{n}\pi\right)&=e^{\theta+\frac{1}{n}\pi}\sin\left(\theta+\frac{1}{n}\pi\right)\\&=e^{\theta+\frac{1}{n}\pi}\left\{\sin\theta\cos\frac{1}{n}\pi+\cos\theta\sin\frac{1}{n}\pi\right\}\\&=e^{\frac{3}{4}\pi}\cdot e^{\frac{1}{n}\pi}\left\{\frac{1}{\sqrt{2}}\cos\frac{1}{n}\pi-\frac{1}{\sqrt{2}}\sin\frac{1}{n}\pi\right\}\\&=\frac{1}{\sqrt{2}}e^{\frac{3}{4}\pi}\cdot e^{\frac{1}{n}\pi}\left\{\cos\frac{1}{n}\pi-\sin\frac{1}{n}\pi\right\}=M\cdot e^{\frac{1}{n}\pi}\left\{\cos\frac{1}{n}\pi-\sin\frac{1}{n}\pi\right\}\end{aligned}$$

[3] $0\le x\le\pi$에서 $y=\{f(x)\}^n$의 증가, 감소를 알아보기 위해 증감표로 만들면 다음과 같다.

x	0	$\cdots$	$\frac{3}{4}\pi$	$\cdots$	π
y'	0	$+$	0	$-$	0
y	0	↗	M^n	↘	0

$x\in[0,\ \pi]$에 대하여 $0\le f(x)\le M$이므로 $0\le\{f(x)\}^n\le M^n$이 성립하고 $f(x)$가 상수함수가 아니므로, 구간 $[0,\ \pi]$에서 적분하면

$$\int_0^{\pi}\{f(x)\}^n dx<\int_0^{\pi}M^n dx=M^n\pi$$

이다.

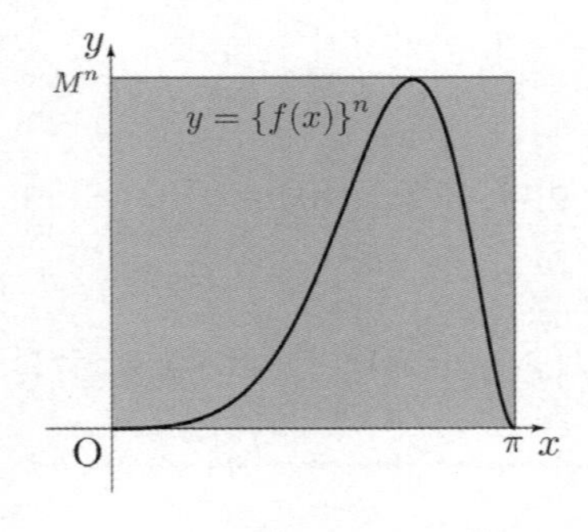

$n \geq 4$ 일 때, $\frac{3}{4}\pi < \frac{3}{4}\pi + \frac{1}{n}\pi \leq \pi$ 이고 $f(x)$ 가 구간 $\left[\frac{3}{4}\pi,\ \pi\right]$ 에서 감소하므로 구간 $\left[\frac{3}{4}\pi,\ \frac{3}{4}\pi + \frac{1}{n}\pi\right]$ 에 속한 x 에 대하여 $f(\pi) \leq f\left(\frac{3}{4}\pi + \frac{1}{n}\pi\right) \leq f(x)$ 이다. 따라서

$$0 \leq Me^{\frac{1}{n}\pi}\left(\cos\frac{1}{n}\pi - \sin\frac{1}{n}\pi\right) \leq f(x)$$

가 성립하므로 구간 $\left[\frac{3}{4}\pi,\ \frac{3}{4}\pi + \frac{1}{n}\pi\right]$ 에서

$$\left\{Me^{\frac{1}{n}\pi}\left(\cos\frac{1}{n}\pi - \sin\frac{1}{n}\pi\right)\right\}^n = M^n e^{\pi}\left(\cos\frac{1}{n}\pi - \sin\frac{1}{n}\pi\right)^n \leq \{f(x)\}^n$$

이다.

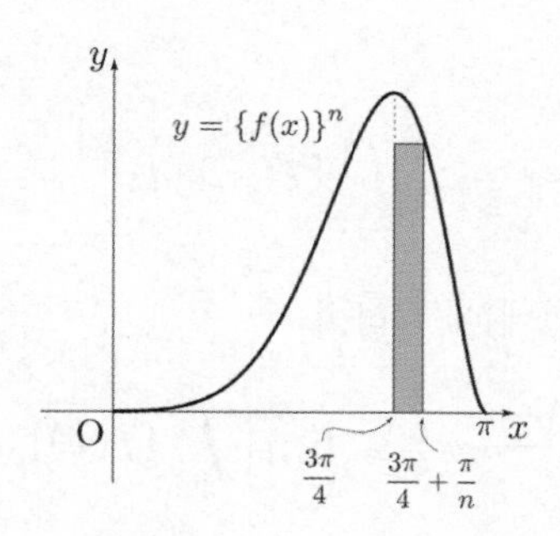

위의 부등식을 적분하면

$$M^n e^{\pi}\left(\cos\frac{1}{n}\pi - \sin\frac{1}{n}\pi\right)^n \frac{1}{n}\pi = \int_{\frac{3}{4}\pi}^{\frac{3}{4}\pi + \frac{1}{n}\pi} M^n e^{\pi}\left(\cos\frac{1}{n}\pi - \sin\frac{1}{n}\pi\right)^n dx \leq \int_{\frac{3}{4}\pi}^{\frac{3}{4}\pi + \frac{1}{n}\pi} \{f(x)\}^n dx$$

가 성립한다. 그리고 구간 $\left[\frac{3}{4}\pi,\ \frac{3}{4}\pi + \frac{1}{n}\pi\right]$ 가 $[0,\ \pi]$ 의 부분집합이고 $f(x) \geq 0$ 이므로

$$\int_{\frac{3}{4}\pi}^{\frac{3}{4}\pi + \frac{1}{n}\pi} \{f(x)\}^n dx < \int_0^{\pi} \{f(x)\}^n dx$$

가 성립한다. 위의 두 부등식으로부터

$$M^n e^{\pi}\left(\cos\frac{1}{n}\pi - \sin\frac{1}{n}\pi\right)^n \frac{1}{n}\pi < \int_0^{\pi} \{f(x)\}^n dx$$

를 얻는다. 그러므로 $n \geq 4$ 에 대하여

$$M^n e^{\pi}\left(\cos\frac{1}{n}\pi - \sin\frac{1}{n}\pi\right)^n \frac{1}{n}\pi < \int_0^{\pi} \{f(x)\}^n dx < M^n \pi$$

가 성립한다.

TIP

cf. $y = \{f(x)\}^n$ 의 증감을 따질 때, 본 책에서 배운 가상의 합성함수 만들기를 이용하면 증감을 쉽게 관찰할 수 있지만, $y = \{f(x)\}^n$ 자체를 미분하는 것도 부담이 없기 때문에 후자의 방식으로 답안을 쓰는 것을 추천한다.
전자의 경우

어떤 함수들끼리 합성돼있고, 이들이 어떤 순으로 합성돼있기 때문에 $y = \{f(x)\}^n$ 의 증감이 이렇다~
라고 일일이 설명을 해야하기 때문에, 직관적이고 빨라도 수리논술 답안용으로는 아쉽다는 뜻이다.
함수 전체를 미분하기 복잡할 때만 전자의 방식으로 설명하도록 하자.

반대로, 과정을 적을 필요 없는 수능수학이었다면 무조건 전자 추천.

[4] 문항 [3]의 부등식

$$M^n e^{\pi}\left(\cos\frac{1}{n}\pi - \sin\frac{1}{n}\pi\right)^n \frac{1}{n}\pi < \int_0^{\pi}\{f(x)\}^n dx < M^n \pi$$

에 n제곱근을 취하면

$$\left(M^n e^{\pi}\left(\cos\frac{1}{n}\pi - \sin\frac{1}{n}\pi\right)^n \frac{1}{n}\pi\right)^{\frac{1}{n}} < \left(\int_0^{\pi}\{f(x)\}^n dx\right)^{\frac{1}{n}} < \left(M^n\pi\right)^{\frac{1}{n}} = M\cdot\pi^{\frac{1}{n}}$$

이다. 위 부등식의 왼쪽 부분을 정리하면

$$\left(M^n e^{\pi}\left(\cos\frac{1}{n}\pi - \sin\frac{1}{n}\pi\right)^n \frac{1}{n}\pi\right)^{\frac{1}{n}} = Me^{\frac{\pi}{n}}\left(\cos\frac{1}{n}\pi - \sin\frac{1}{n}\pi\right)\frac{1}{n^{\frac{1}{n}}}\pi^{\frac{1}{n}}$$

이므로 위의 부등식을 다시 쓰면

$$Me^{\frac{\pi}{n}}\left(\cos\frac{1}{n}\pi - \sin\frac{1}{n}\pi\right)\frac{1}{n^{\frac{1}{n}}}\pi^{\frac{1}{n}} < \left(\int_0^{\pi}\{f(x)\}^n dx\right)^{\frac{1}{n}} < M\cdot\pi^{\frac{1}{n}}$$

이고, 샌드위치 정리 (극한값의 대소관계)에 의하여

$$\lim_{n\to\infty} Me^{\frac{\pi}{n}}\left(\cos\frac{1}{n}\pi - \sin\frac{1}{n}\pi\right)\frac{1}{n^{\frac{1}{n}}}\pi^{\frac{1}{n}} \le \lim_{n\to\infty}\left(\int_0^{\pi}\{f(x)\}^n dx\right)^{\frac{1}{n}} \le \lim_{n\to\infty} M\cdot\pi^{\frac{1}{n}}$$

이 된다. 여기에서 π와 e는 상수이므로

$$\lim_{n\to\infty} e^{\frac{\pi}{n}} = 1 \text{ 과 } \lim_{n\to\infty} \pi^{\frac{1}{n}} = 1$$

을 얻고, 또한

$$\lim_{n\to\infty}\left(\cos\frac{1}{n}\pi - \sin\frac{1}{n}\pi\right) = \cos 0 - \sin 0 = 1$$

이며, 주어진 조건에 의하여

$$\lim_{n\to\infty} n^{\frac{1}{n}} = 1$$

이다. 그러므로 모든 사실을 종합하면

$$\lim_{n\to\infty} Me^{\frac{\pi}{n}}\left(\cos\frac{1}{n}\pi - \sin\frac{1}{n}\pi\right)\frac{1}{n^{\frac{1}{n}}}\pi^{\frac{1}{n}} = M \text{ 이고 } \lim_{n\to\infty} M\cdot n^{\frac{1}{n}} = M$$

이다. 따라서 위의 부등식은 $M \le \lim_{n\to\infty}\left(\int_0^{\pi}\{f(x)\}^n dx\right)^{\frac{1}{n}} \le M$ 으로 변형되므로

$\lim_{n\to\infty}\left(\int_0^{\pi}\{f(x)\}^n dx\right)^{\frac{1}{n}} = M$임을 알 수 있다.

논제 25

[1] 좌변에서 $x-t=u$ 로 놓으면

$$\int_0^{x-1} f(x-t)(tx)dt = \int_x^1 [-f(u)\{(x-u)x\}]du = \int_1^x f(u)(x^2-ux)du = \int_1^x f(t)(x^2-xt)dt$$

이다.

[2] [1]에서 얻은 결과를 바탕으로 다음의 등식을 얻을 수 있다.

$$\int_1^x f(t)(x^2-tx)dt = \sin(ax^2) + \cos(bx^2) + \sqrt{2}$$

위 식에 $x=1$ 을 대입하면

$$0 = \sin a + \cos b + \sqrt{2} \ \cdots (*)$$

한편, $\int_1^x f(t)(x^2-tx)dt = x^2\int_1^x f(t)dt - x\int_1^x tf(t)dt$ 이고, 이를 x 에 대하여 미분하면

$$2x\int_1^x f(t)dt - \int_1^x tf(t)dt = (2ax)\cos(ax^2) - (2bx)\sin(bx^2) \ \cdots (**)$$

이다. 등식 (**)의 양변에 $x=1$ 을 대입하면

$$0 = 2a\cos a - 2b\sin b \ \cdots (***)$$

이때, $a+b=-\frac{3}{2}\pi$ 이므로 $\cos b = \cos\left(-\frac{3\pi}{2}-a\right) = \cos\left(\frac{\pi}{2}-a\right) = \sin a$ 이고, 비슷한 방법으로 $\sin b = \cos a$ 이다.

등식 (*)에서 $\sin a = -\frac{\sqrt{2}}{2}$ 이고, 등식 (***)에서 $2(a-b)\cos a = 0$ 이다.

이 때, $\cos a \neq 0$ 이므로 $a=b$ 이다. 따라서 $a=b=-\frac{3}{4}\pi$ 이다.

[3] 등식 (**)의 양변을 x 에 대하여 미분하면

$$2\int_1^x f(t)dt + xf(x) = \left(-\frac{3}{2}\pi - \frac{9}{4}\pi^2x^2\right)\cos\left(-\frac{3}{4}\pi x^2\right) - \left(-\frac{3}{2}\pi + \frac{9}{4}\pi^2x^2\right)\sin\left(-\frac{3}{4}\pi x^2\right)$$

이다. 위 등식의 양변에 $x=2$ 를 대입하면

$$2\int_1^2 f(t)dt + 2f(2) = \frac{3}{2}\pi + 9\pi^2 \text{ 이고 } f(2) = \frac{9}{2}\pi^2 \text{ 이다.}$$

따라서 $\int_1^2 f(x)dx = \frac{3}{4}\pi$ 이다.

논제 26

[1] $t \geq 0$ 에 대하여 $h(t) = \sqrt{t} - \ln(1+t)$ 라 하자.

$t > 0$ 에서 $h'(t) = \dfrac{1}{2\sqrt{t}} - \dfrac{1}{1+t} = \dfrac{(\sqrt{t}-1)^2}{2\sqrt{t}(1+t)} \geq 0$ 이고 $h(0) = 0$ 이므로

$t > 0$ 에서 $h(t) \geq h(0) = 0$ 즉, $\ln(1+t) \leq \sqrt{t}$ $\cdots$ (*) 가 성립한다. (*)의 식에 $t = \dfrac{1}{x}$를 대입하면

$x > 0$ 일 때 $0 < \ln\left(1+\dfrac{1}{x}\right) \leq \dfrac{1}{\sqrt{x}}$, $0 < x \times \ln\left(1+\dfrac{1}{x}\right) \leq \dfrac{x}{\sqrt{x}} = \sqrt{x}$ 가 성립한다.

따라서 샌드위치 정리에 의하여 $\lim\limits_{x \to 0+} x\ln\left(1+\dfrac{1}{x}\right) = 0$ 이다.

[2] $f(x) = \left(1+\dfrac{1}{x}\right)^{x+\alpha}$ 의 양변에 자연로그를 취하면

$$\ln f(x) = (x+\alpha)\ln\left(1+\frac{1}{x}\right)$$

위 식의 양변을 x 에 대해 미분하면 $\dfrac{f'(x)}{f(x)} = \ln\left(1+\dfrac{1}{x}\right) - \dfrac{x+\alpha}{x^2+x}$ 이다.

$g(x) = \ln\left(1+\dfrac{1}{x}\right) - \dfrac{x+\alpha}{x^2+x}$ 라 하면 $f'(x) = f(x)g(x)$ 이고,

$x > 0$ 에 대하여 $f(x) > 0$ 이므로 $g(x)$ 의 부호를 확인하면 된다.

이때 $\lim\limits_{x \to \infty} g(x) = 0$ 이고 $g'(x) = \dfrac{(2\alpha-1)x+\alpha}{(x^2+x)^2}$ 이다.

(i) $\alpha \leq 0$ 인 경우

$x > 0$ 에서 $g'(x) < 0$ 이므로 $x > 0$ 에서 $g(x)$ 는 감소한다.

이때 $\lim\limits_{x \to \infty} g(x) = 0$ 이므로 $x > 0$ 에서 $g(x) > 0$ 이고

$f'(x) > 0$ 이다.

따라서 함수 $f(x)$ 는 열린구간 $(0, \infty)$ 에서 증가한다.

(ii) $\alpha \geq \dfrac{1}{2}$ 인 경우

$x > 0$ 에서 $g'(x) > 0$ 이므로 $x > 0$ 에서 $g(x)$ 는 증가한다.

이때 $\lim\limits_{x \to \infty} g(x) = 0$ 이므로 $x > 0$ 에서 $g(x) < 0$ 이고

$f'(x) < 0$ 이다.

따라서 함수 $f(x)$ 는 열린구간 $(0, \infty)$ 에서 감소한다.

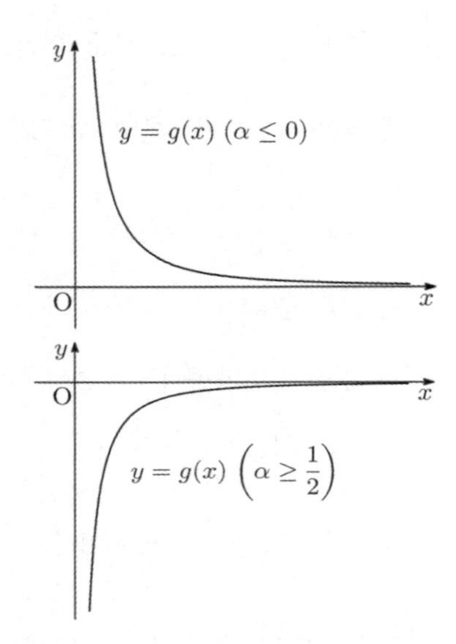

[3] $g'(x) = \dfrac{(2\alpha-1)x+\alpha}{(x^2+x)^2} = 0$ 에서 $g'\left(\dfrac{\alpha}{1-2\alpha}\right) = 0$ 이고

$k = \dfrac{\alpha}{1-2\alpha} > 0$라 하면 $x < k$ 에서 $g'(x) > 0$, $x > k$ 에서 $g'(x) < 0$ 이다.

이때 [2]에서 $\lim\limits_{x \to \infty} g(x) = 0$ 이고 함수 $g(x)$ 는 열린구간 (k, ∞) 에서 감소하므로 열린구간 (k, ∞) 에서

$g(x) > 0$ 이다. $\cdots$ ①

함수 $g(x)$ 는 $x=k$ 에서 연속이므로

$g(k)>0\left(g(k)=\lim_{x\to k+}g(x)\geq g(2k)>0\right)$ 이다. ⋯ ②

한편, [1]에서의 $\lim_{x\to 0+}x\ln\left(1+\frac{1}{x}\right)=0$ 을 이용하면

$\lim_{x\to 0+}xg(x)=\lim_{x\to 0+}\left\{x\ln\left(1+\frac{1}{x}\right)-\frac{x+\alpha}{x+1}\right\}=-\alpha<0$ 이므로 $\lim_{x\to 0+}g(x)=-\infty$

또, 연속함수 $g(x)$ 가 $g(k)>0$ 이므로

제시문 (나)에 의하여 $g(c)=0$ 인 c 가 열린구간 $(0,k)$ 에서 적어도 하나 존재한다.

열린구간 $(0,k)$ 에서 $g'(x)>0$ 이므로 $(0,k)$ 에서 함수 $g(x)$ 는 증가하고,

$x<c$ 에서 $g(x)<0$ 이고 $c<x<k$ 에서 $g(x)>0$ 이다. ①, ②에 의해 $x>c$ 에서 $g(x)>0$이다.

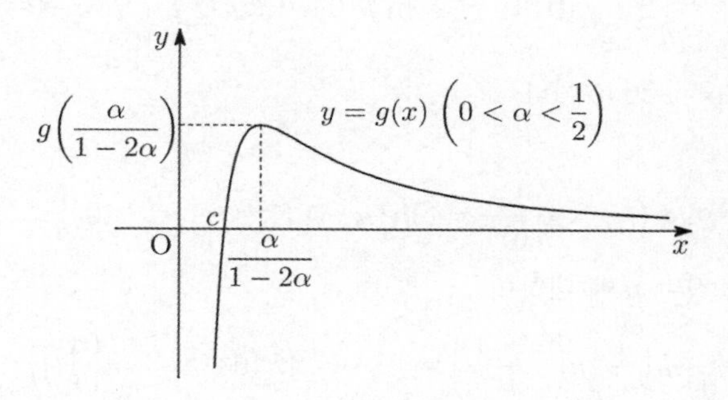

그러므로 $f'(x)=f(x)g(x)$ 에서 $f'(c)=0$ 이고 $x<c$ 에서 $f'(x)<0$, $x>c$ 에서 $f'(x)>0$이다.

x	$\cdots$	c	$\cdots$
$f'(x)$	$-$	0	$+$
$f(x)$	↘	$f(c)$	↗

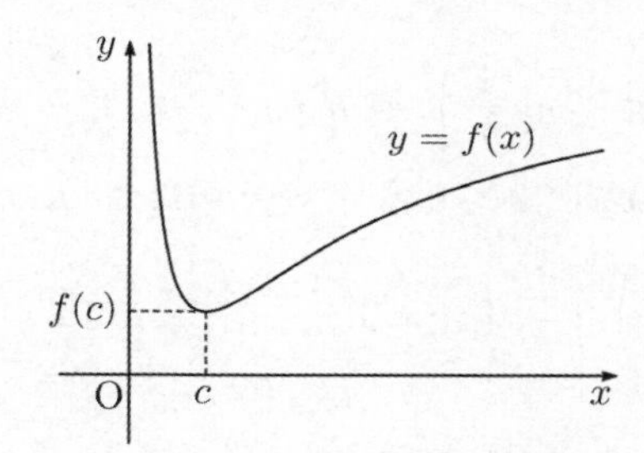

$f(x)$는 $(0,c)$에서 감소하고 $f(x)$는 (c,∞)에서 증가하고 $x=c$ 좌우에서 부호가 음에서 양으로 바뀌므로

제시문 (다)에 의하여 $f(x)$ 는 $x=c$ 에서 유일한 극솟값을 갖는다.

논제 27

[1] $x=0$, $t=0$ 을 대입하면 $f(0)=f(0)^{g(0)}$ 이 되므로, $g(0)=1$ 을 얻는다.

[2] $f(x+t)=f(x)^{g(t)}$ 의 양변에 로그를 취하면 $\ln f(x+t)=g(t)\times \ln f(x)$ 이다.
$h(t)=\ln f(t)$ 라 두면, $h(x+t)=g(t)h(x)$ 이고 $h(0+t)=g(t)h(0)$ 이므로

$h(x+t)=\dfrac{1}{h(0)}h(t)h(x)$ 이다.

임의의 정수 n 에 대하여 $h(ne)=\dfrac{1}{h(0)}h(e)h((n-1)e)=\cdots=\{h(0)\}^{1-n}\{h(e)\}^n$ 이므로

$\ln f(ne)=\{\ln f(0)\}^{1-n}\{2\ln f(0)\}^n=2^n\ln f(0)$ 이고, $\displaystyle\sum_{n=1}^{10}\ln f(ne)=2(2^{10}-1)\ln f(0)$ 이다.

그러므로 $\alpha=2(2^{10}-1)=2046$ 이다.

[3] (a) 임의의 정수 n 에 대하여 $h(n)=\dfrac{1}{h(0)}h(1)h(n-1)=\cdots=h(0)^{1-n}h(1)^n$ --- (*) 이다.

식 (*)를 이용하면 임의의 정수 n 에 대하여

$$h(1)=h\left(n\times\frac{1}{n}\right)=\frac{1}{h(0)}h\left(\frac{1}{n}\right)h\left(\frac{n-1}{n}\right)=\cdots=\{h(0)\}^{1-n}\left\{h\left(\frac{1}{n}\right)\right\}^n$$

$\Rightarrow h\left(\dfrac{1}{n}\right)=\{h(0)\}^{1-\frac{1}{n}}\{h(1)\}^{\frac{1}{n}}$ 이므로 임의의 두 정수 m, n 에 대하여

$h\left(\dfrac{n}{m}\right)=h(0)^{1-n}h\left(\dfrac{1}{m}\right)^n=h(0)^{1-\frac{n}{m}}h(1)^{\frac{n}{m}}$ --- (**)이다.

또한 f 와 $\ln x$ 가 $x>0$ 에서 연속이므로 $h(x)=\ln f(x)$ 도 $x>0$ 에서 연속이다. 그러므로 $h(e)$ 는

$\displaystyle\lim_{n\to\infty}h\left(\left(1+\frac{1}{n}\right)^n\right)=\lim_{n\to\infty}h(0)^{1-\left(1+\frac{1}{n}\right)^n}h(1)^{\left(1+\frac{1}{n}\right)^n}=h(0)^{1-e}h(1)^e$ 이다.

$\ln f(e)=2\ln f(0)$ 이므로 $f(0)=e^2$ 이고 $h(e)=2^{1-e}h(1)^e=4$ 이므로 $\ln f(1)=h(1)=2^{1+\frac{1}{e}}$ 이다.

(b) 위와 마찬가지 방법으로

$h(e)=h\left(n\times\dfrac{e}{n}\right)=\dfrac{1}{h(0)}h\left(\dfrac{e}{n}\right)h\left((n-1)\times\dfrac{e}{n}\right)=\cdots=h(0)^{1-n}\times\left\{h\left(\dfrac{e}{n}\right)\right\}^n$ 이므로

$\displaystyle\lim_{n\to\infty}\frac{h\left(e+\frac{e}{n}\right)-h(e)}{\frac{1}{n}}=h(e)\lim_{n\to\infty}\frac{h\left(\frac{e}{n}\right)\frac{1}{h(0)}-1}{\frac{1}{n}}=h(e)\lim_{n\to\infty}\frac{h(0)^{-\frac{1}{n}}h(e)^{\frac{1}{n}}-1}{\frac{1}{n}}$ 이다.

그리고 $h(0)=2$, $h(e)=4$ 에서 $\displaystyle\lim_{n\to\infty}\frac{h\left(e+\frac{e}{n}\right)-h(e)}{\frac{1}{n}}=4\lim_{n\to\infty}\frac{2^{\frac{1}{n}}-1}{\frac{1}{n}}$ 이고, 이 극한값은 4ln2 이므로

$\displaystyle\lim_{n\to\infty}\frac{\ln f\left(e+\frac{e}{n}\right)-\ln f(e)}{\frac{1}{n}}=h(e)\ln 2=4\ln 2$ 이다.

논제 28

[1] $\mathrm{P}(-1, 0)$와 점 $(0, t)$를 지나는 직선의 방정식은 $y=t(x+1)$이므로, 단위원의 방정식 $x^2+y^2=1$에 y 대신 $t(x+1)$을 대입하면, $x^2+t^2(x+1)^2=1$을 얻는다. 이차방정식의 근의 공식을 이용하여 풀면 $x=-1$ 또는 $x=\dfrac{1-t^2}{1+t^2}$을 얻는다. 이 때, Q는 P가 아닌 원 위의 점이므로 $x=\dfrac{1-t^2}{1+t^2}$가 원하는 해가 된다.

$y=t(x+1)$이므로 $y=t\left(\dfrac{1-t^2}{1+t^2}+1\right)=\dfrac{2t}{1+t^2}$이 된다.

[2] $\dfrac{dx}{dt}=\dfrac{-4t}{(1+t^2)^2}$이고, $\dfrac{dy}{dt}=\dfrac{2-2t^2}{(1+t^2)^2}$이므로, 매개변수 미분법에 의하여 $\dfrac{dy}{dx}=\dfrac{dy}{dt}/\dfrac{dx}{dt}=\dfrac{t^2-1}{2t}$이다.

따라서 접선의 방정식은 $y=\left(\dfrac{t^2-1}{2t}\right)\left(x-\dfrac{1-t^2}{1+t^2}\right)+\dfrac{2t}{1+t^2}$이다.

[3] θ_1, θ_2가 0과 $\dfrac{\pi}{2}$ 사이에 있으므로, $\tan\theta_1=t_1$에서 $\sin\theta_1=\dfrac{t_1}{\sqrt{t_1^2+1}}$, $\cos\theta_1=\dfrac{1}{\sqrt{t_1^2+1}}$이고

$\tan\theta_2=t_2$에서 $\sin\theta_2=\dfrac{t_2}{\sqrt{t_2^2+1}}$, $\cos\theta_2=\dfrac{1}{\sqrt{t_2^2+1}}$임을 알 수 있다.

삼각함수의 덧셈정리에 의하여 $\sin(\theta_2-\theta_1)=\sin\theta_2\cos\theta_1-\cos\theta_2\sin\theta_1$가 성립한다. 여기에 위의 값을 대입하면 $\sin(\theta_2-\theta_1)=\dfrac{t_2-t_1}{\sqrt{(t_1^2+1)(t_1^2+1)}}$ 임을 알 수 있다.

(cf. $\tan(\theta_2-\theta_1)$을 먼저 구한 후 $0<\theta_2-\theta_1<\dfrac{\pi}{2}$를 활용하여 구해도 좋다.)

[4] 삼각형 $\mathrm{PQ}_{k+1}\mathrm{Q}_k$의 넓이는 $\dfrac{1}{2}\overline{\mathrm{PQ}_{k+1}}\,\overline{\mathrm{PQ}_k}\sin(\theta_2-\theta_1)$이다. $\overline{\mathrm{PQ}_{k+1}}=\dfrac{2}{\sqrt{t_{k+1}^2+1}}$, $\overline{\mathrm{PQ}_k}=\dfrac{2}{\sqrt{t_k^2+1}}$

이므로 $a_k=\dfrac{2(t_{k+1}-t_k)}{(t_{k+1}^2+1)(t_k^2+1)}=\dfrac{\dfrac{2}{n}}{\left(\left(\dfrac{k+1}{n}\right)^2+1\right)\left(\left(\dfrac{k}{n}\right)^2+1\right)}$이다. 즉,

$S_n=\displaystyle\sum_{k=0}^{n-1}\dfrac{\dfrac{2}{n}}{\left(\left(\dfrac{k+1}{n}\right)^2+1\right)\left(\left(\dfrac{k}{n}\right)^2+1\right)}$ 이다. 이때, S_n은 삼각형 $\mathrm{PQ}_{k+1}\mathrm{Q}_k$들의 넓이를 모두 합한 값이고,

이 삼각형들로 이루어진 영역은 점 O, P 그리고 점 $(0, 1)$로 이루어진 직각이등변삼각형과 제1 사분면에 속하는 원의 부분으로 이루어진 영역에 속하게 된다. n이 커짐에 따라 삼각형 $\mathrm{PQ}_{k+1}\mathrm{Q}_k$들로 이루어진 넓이는 점점 넓어지면서, 직각이등변삼각형과 사분원으로 이루어진 영역에 점점 가까워지므로 $\displaystyle\lim_{n\to\infty}S_n=\dfrac{1}{2}+\dfrac{\pi}{4}$가 될 것이다.

[5] 함수 $f(x)=\dfrac{2}{(x^2+1)^2}$ 은 닫힌구간 $[0,\ 1]$ 에서 연속이므로 정적분 $\displaystyle\int_0^1 \frac{2}{(x^2+1)^2}dx$ 는 무한급수로 바꾸면

$\displaystyle\lim_{n\to\infty}\sum_{k=0}^{n-1} f(x_k)\,\Delta x = \lim_{n\to\infty}\sum_{k=0}^{n-1}\frac{\frac{2}{n}}{\left(\left(\frac{k}{n}\right)^2+1\right)^2}$ 이다.

이제 $\displaystyle T_n = \lim_{n\to\infty}\sum_{k=0}^{n-1}\frac{\frac{2}{n}}{\left(\left(\frac{k}{n}\right)^2+1\right)^2}$ 이라고 하면,

$$0 < T_n - S_n = \frac{2}{n}\sum_{k=0}^{n-1}\frac{\left(\left(\frac{k+1}{n}\right)^2+1\right)-\left(\left(\frac{k}{n}\right)^2+1\right)}{\left(\left(\frac{k+1}{n}\right)^2+1\right)\left(\left(\frac{k}{n}\right)^2+1\right)^2}$$

$$= \frac{2}{n}\sum_{k=0}^{n-1}\frac{\frac{2k+1}{n^2}}{\left(\left(\frac{k+1}{n}\right)^2+1\right)\left(\left(\frac{k}{n}\right)^2+1\right)^2} < \frac{2}{n^3}\sum_{k=0}^{n-1}(2k+1)$$

이고, $\displaystyle\lim_{n\to\infty}\frac{2}{n^3}\sum_{k=0}^{n-1}(2k+1) = \lim_{n\to\infty}\frac{2n^2}{n^3} = 0$ 이므로 샌드위치 정리에 의하여 $\displaystyle\lim_{n\to\infty}(T_n - S_n) = 0$을 얻는다.

이제 [4]에서 추측한 것과 결합하면 $\displaystyle\int_0^1\frac{2}{(x^2+1)^2}dx = \lim_{n\to\infty}T_n = \lim_{n\to\infty}S_n = \frac{1}{2}+\frac{\pi}{4}$ 임을 알 수 있다.

기대T Comment)

cf. $\displaystyle\int_0^1\frac{2}{(x^2+1)^2}dx$ 에서 $x=\tan\theta$로 치환하면 실제로 $\dfrac{\pi}{4}+\dfrac{1}{2}$라는 값을 정확히 구해낼 수 있긴 하다.

논제 29

[1] (a) $0 \le a \le x \le b$ 이므로 $n = \dfrac{b-x}{b-a}$, $m = \dfrac{x-a}{b-a}$ 로 두면 $m \ge 0$, $n \ge 0$, $m+n=1>0$ 이다.

조건 (I)로부터 $f(x) \le \dfrac{b-x}{b-a}f(a) + \dfrac{x-a}{b-a}f(b)$ 이다.

(b) $t-L \le x \le t$ 에 대하여, $a=t-L$, $b=t$, $n=\dfrac{b-x}{b-a}$, $m=\dfrac{x-a}{b-a}$ 로 두면, **[1]** -(a)의 결과로부터

$f(x) \le \left\{\dfrac{b-x}{b-a}f(a) + \dfrac{x-a}{b-a}f(b)\right\}$ 이므로

$$\int_{t-L}^{t} f(x)\,dx \le \int_{t-L}^{t} \left\{\frac{b-x}{b-a}f(a) + \frac{x-a}{b-a}f(b)\right\}dx$$

이다. 즉, $\displaystyle\int_{t-L}^{t} f(x)\,dx \le \frac{L}{2}\{f(t)+f(t-L)\}$ 이다.

한편, $t \le x \le t+L$ 에 대하여 $a=t$, $b=t+L$, $n=\dfrac{b-x}{b-a}$, $m=\dfrac{x-a}{b-a}$ 로 두면

$$\int_{t}^{t+L} f(x)\,dx \le \frac{L}{2}\{f(t+L)+f(t)\}$$

이다. 따라서 $\displaystyle\frac{1}{2L}\int_{t-L}^{t+L} f(x)\,dx \le \frac{1}{4}\{f(t-L)+f(t+L)+2f(t)\}$ 이다.

$0 \le x \le L$ 인 실수 x 에 대하여 조건 (I)로부터 $f(t) \le \dfrac{1}{2}\{f(t-x)+f(t+x)\}$ 이므로

$$f(t) = \frac{1}{L}\int_{0}^{L} f(t)\,dx \le \frac{1}{2L}\int_{0}^{L}\{f(t-x)+f(t+x)\}\,dx$$

이고 치환적분을 이용하면 $\displaystyle\frac{1}{2L}\int_{0}^{L}\{f(t-x)+f(t+x)\}\,dx = \frac{1}{2L}\int_{t-L}^{t+L} f(x)\,dx$ 이다.

[2] (a) (ㄱ)$=0$, (ㄴ)$=0$, (ㄷ)$=-1$

(b) $\displaystyle\int_{0}^{2}\frac{1}{1+(1+x)^2}dx = \int_{0}^{1}\frac{1}{1+(1+x)^2}dx + \int_{1}^{2}\frac{1}{1+(1+x)^2}dx$ 이다.

$$h\left(\frac{1}{2}\right) \le \int_{0}^{1}\frac{1}{1+(1+x)^2}dx \le \frac{1}{4}\left\{h(0)+h(1)+2h\left(\frac{1}{2}\right)\right\}$$ 이고

$$h\left(\frac{3}{2}\right) \le \int_{1}^{2}\frac{1}{1+(1+x)^2}dx \le \frac{1}{4}\left\{h(1)+h(2)+2h\left(\frac{3}{2}\right)\right\}$$ 이므로

$$\frac{11}{25} \le h\left(\frac{1}{2}\right)+h\left(\frac{3}{2}\right) \le \int_{0}^{2}\frac{1}{1+(1+x)^2}dx \le \frac{1}{4}\left\{h(0)+2h\left(\frac{1}{2}\right)+2h(1)+2h\left(\frac{3}{2}\right)+h(2)\right\} < \frac{12}{25}$$

이다. 따라서 $l=11$ 이다.

[3] $t-\dfrac{L}{2^{k+1}} \le x \le t+\dfrac{L}{2^{k+1}}$ 인 실수 x 에 대하여 조건 (I)로부터

$$f(x) \le \frac{1}{2}\left\{f\left(x-\frac{L}{2^{k+1}}\right)+f\left(x+\frac{L}{2^{k+1}}\right)\right\}$$

이다. 따라서

$$c_{k+1} = \frac{2^k}{L}\int_{t-\frac{L}{2^{k+1}}}^{t+\frac{L}{2^{k+1}}} f(x)\,dx \le \frac{2^{k-1}}{L}\int_{t-\frac{L}{2^{k+1}}}^{t+\frac{L}{2^{k+1}}} \left\{f\left(x-\frac{L}{2^{k+1}}\right)+f\left(x+\frac{L}{2^{k+1}}\right)\right\}dx$$

$$= \frac{2^{k-1}}{L}\int_{t-\frac{L}{2^k}}^{t+\frac{L}{2^k}} f(x)\,dx = c_k$$

이다. (치환적분을 이용)

논제 30

① $x \ge 1$ 인 경우 ; $t \in [1, x]$ 에 대하여 $\frac{x}{t} \ge 1$ 이다.

따라서 $x\ln x = \int_1^x \frac{x}{t}dt \ge \int_1^x 1\,dt = x-1$ 이다.

② $0 < x < 1$ 인 경우; $t \in [x, 1]$ 에 대하여 $-\frac{x}{t} \ge -1$ 이다.

따라서 $x\ln x = \int_1^x \frac{x}{t}dt = \int_x^1 \left(-\frac{x}{t}\right)dt \ge \int_x^1 (-1)\,dt = \int_1^x 1\,dt = x-1$ 이다.

그러므로 양의 실수 x 에 대하여 $x\ln x \ge x-1$ 이 성립한다.

$x\ln x \ge x-1$ 으로부터 자연수 $1 \le n \le k$ 에 대하여 $\frac{a_n}{b_n}\ln\frac{a_n}{b_n} \ge \frac{a_n}{b_n}-1$ 임을 알 수 있다.

위 부등식의 양변에 b_n 을 곱하면, $a_n \ln\frac{a_n}{b_n} \ge a_n - b_n$ ⋯ (*)

부등식 (*)에서 양변을 $n=1$ 에서 $n=k$ 까지 합을 구하면, 다음 부등식을 얻는다.

$$\sum_{n=1}^{k} a_n \ln\frac{a_n}{b_n} \ge \sum_{n=1}^{k}(a_n-b_n) = \sum_{n=1}^{k}a_n - \sum_{n=1}^{k}b_n = 0,$$

$$\sum_{n=1}^{k} a_n \ln a_n \ge \sum_{n=1}^{k} a_n \ln b_n$$

논제 31

[1] $y' = \dfrac{1}{2\sqrt{x}}$ 이므로 접선에 수직인 직선의 방정식은 $y = -2\sqrt{f(t)}\,(x - f(t)) + \sqrt{f(t)}$ 이다.

점 $\mathrm{P}(0, t)$는 이 직선과 y축이 만나는 점이므로 $t = 2f(t)\sqrt{f(t)} + \sqrt{f(t)}$ 이다.

f의 역함수를 $g(x) = 2x\sqrt{x} + \sqrt{x}$ 라 하면 $g(x) = 3$ 일 때 $x = 1$ 이다.

따라서 $f'(3) = \dfrac{1}{g'(1)} = \dfrac{1}{3 + \dfrac{1}{2}} = \dfrac{2}{7}$ 이다.

[2] $f(t) = x$로 치환하고, $t = 2f(t)\sqrt{f(t)} + \sqrt{f(t)}$ 로부터 f의 역함수를 $t = g(x) = 2x\sqrt{x} + \sqrt{x}$ 라고 하자.
이때 $f(3) = 1$, $f(0) = 0$ 이므로

$$\int_0^3 f(t)\,dt = \int_0^1 f(g(x))\,g'(x)\,dx = \int_0^1 x\left(3\sqrt{x} + \frac{1}{2\sqrt{x}}\right)dx$$
$$= \left[\frac{6}{5}x^{\frac{5}{2}} + \frac{1}{3}x^{\frac{3}{2}}\right]_0^1 = \frac{23}{15}$$

이다.

논제 32

주어진 항등식 $f(x) - 2f(2x) = \dfrac{3}{x^4}$ 의 x 대신 $2x$를 넣어서 얻은 등식에 2를 곱하면

$$2f(2x) - 2^2 f(2^2x) = \frac{3}{x^4} \times \frac{1}{8}$$

을 얻는다. 같은 방식으로 $2f(2x) - 2^2 f(2^2x) = \dfrac{3}{x^4} \times \dfrac{1}{8}$ 의 x 대신 $2x$를 넣은 등식에 2를 곱하면

$$2^2 f(2^2x) - 2^3 f(2^3x) = \frac{3}{x^4} \times \left(\frac{1}{8}\right)^2$$

을 얻는다. 이를 반복하여 얻은 등식을 일렬로 나열하면

$$f(x) - 2f(2x) = \frac{3}{x^4}$$
$$\vdots \qquad\qquad \vdots$$
$$2^{n-1} f(2^{n-1}x) - 2^n f(2^n x) = \frac{3}{x^4} \times \left(\frac{1}{8}\right)^{n-1}$$

이므로 좌변과 우변을 각각 더하면

$f(x) - 2^n f(2^n x) = \displaystyle\sum_{k=1}^{n} \frac{3}{x^4} \times \left(\frac{1}{8}\right)^{k-1}$ 이다.

우변의 등비급수의 합은 $\displaystyle\lim_{n\to\infty} \sum_{k=1}^{n} \frac{3}{x^4} \times \left(\frac{1}{8}\right)^{k-1} = \frac{24}{7x^4}$ 이므로 $g(x) = \displaystyle\lim_{n\to\infty} 2^n f(2^n x) = f(x) - \frac{24}{7x^4}$ 이다.

따라서 $\displaystyle\int_1^2 g(x)dx = \int_1^2 f(x)dx - \int_1^2 \frac{24}{7x^4}dx = 3 + \left[\frac{8}{7x^3}\right]_1^2 = 3 - 1 = 2$ 이다.

논제 33

$\sin^2 x = \dfrac{1-\cos 2x}{2}$과 $F'(x) = \sin^2 x$를 이용하여 부분적분을 하면

$$\begin{aligned}\int_0^{\pi}(2x-\sin(2x))e^{F(x)}\sin^2 x\,dx &= \left[(2x-\sin 2x)e^{F(x)}\right]_0^{\pi} - \int_0^{\pi}(2-2\cos 2x)e^{F(x)}dx \\ &= 2\pi e^{F(\pi)} - \int_0^{\pi} e^{F(x)} 4\sin^2 x\,dx \\ &= 2\pi e^{F(\pi)} - \left[4e^{F(x)}\right]_0^{\pi} \\ &= 2\pi e^{F(\pi)} - 4e^{F(\pi)} + 4\end{aligned}$$

이다.

$$F(\pi) = \int_0^{\pi}\sin^2 x dx = \int_0^{\pi}\frac{1-\cos 2x}{2}dx = \left[\frac{1}{2}x - \frac{1}{4}\sin 2x\right]_0^{\pi} = \frac{\pi}{2}$$

이므로

$\displaystyle\int_0^{\pi}(2x-\sin(2x))e^{F(x)}\sin^2 x\,dx = 2\pi e^{F(\pi)} - 4e^{F(\pi)} + 4 = (2\pi-4)e^{\frac{\pi}{2}} + 4$이다.

논제 34

[1] 조건 (1)로부터 $\left\{f\left(x+\frac{1}{2}\right)\right\}^2+\{f(x)\}^2=1 \Rightarrow \{f(x+1)\}^2+\left\{f\left(x+\frac{1}{2}\right)\right\}^2=1$이므로

$\{f(x)\}^2=\{f(x+1)\}^2$이다. 그러므로 정수 n에 대하여 $|f(n)|=|f(0)|\neq 0$이다.

한편, $2f(x)f'(x)=2f(x+1)f'(x+1)$이므로

$$|f(n)||f'(n)|=|f(n+1)||f'(n+1)| \Rightarrow |f'(n)|=|f'(n+1)|$$

따라서, $|f'(n)|=|f'(0)|$

[2] $g\left(-\frac{1}{12}\right)=a$, $f\left(-\frac{1}{12}\right)f\left(\frac{5}{12}\right)=3a-16a^3$이고

$\left\{f\left(-\frac{1}{12}\right)\right\}^2+\left\{f\left(\frac{5}{12}\right)\right\}^2=1 \Rightarrow f\left(-\frac{1}{12}\right)=\pm\frac{\sqrt{2}}{2}$이므로 $16a^3-3a\pm\frac{1}{2}=0$이다.

조건 (3)에 의해 $a=-\frac{1}{4}$이다.

[3] $h(x)=\frac{1}{2}\{f(x)\}^2-\frac{1}{2}\{f(x)\}^4=\frac{1}{2}\{f(x)\}^2\left\{f\left(x+\frac{1}{2}\right)\right\}^2$ (조건 (1))

정적분 $=\int_{-\frac{1}{12}}^{0} g(x)h'(x)dx=[g(x)h(x)]_{-\frac{1}{12}}^{0}-\int_{-\frac{1}{12}}^{0} g'(x)h(x)dx$

$$=-g\left(-\frac{1}{12}\right)h\left(-\frac{1}{12}\right)-\frac{1}{2}\int_{-\frac{1}{12}}^{0}\left\{f(x)f\left(x+\frac{1}{2}\right)\right\}^2 g'(x)dx$$

$$=-g\left(-\frac{1}{12}\right)h\left(-\frac{1}{12}\right)-\frac{1}{2}\int_{-\frac{1}{12}}^{0}\{3g(x)-16\{g(x)\}^3\}^2 g'(x)dx$$

$$=-g\left(-\frac{1}{12}\right)h\left(-\frac{1}{12}\right)-\frac{1}{2}\int_{-\frac{1}{4}}^{0}(3u-16u^3)^2du$$

$=\frac{1}{32}-\frac{1}{2}\times\frac{17}{560}=\frac{9}{560}$ 이므로 $p+q=569$이다.

논제 35

주어진 정적분을 조건 (2)를 이용해서 정리하면

$$\int_0^6 xh(x)dx = \int_0^3 xh(x)dx + \int_3^6 xh(x)dx = \int_0^3 xh(x)dx + \int_0^3 (x+3)h(x)dx$$

$$= 2\int_0^3 xh(x)dx + 3\int_0^3 h(x)dx$$

이다. $f(1)=1$ 이므로 $g(1)=1$ 이고 $f(0)=3$ 이므로 $g(3)=0$ 이다.
함수 $f(x)$ 와 함수 $g(x)$ 가 서로 역함수 관계이므로

$$\int_1^3 g(x)dx = \int_0^1 f(x)dx - 1 = \frac{5}{4}$$

이고

$$\int_1^3 xg'(x)dx = [\,xg(x)\,]_1^3 - \int_1^3 g(x)dx = -\frac{9}{4}$$

이다. 따라서

$$\int_0^3 xh(x)dx = \int_0^1 3x^2 dx + \int_1^3 x\{4g'(x)+4\}dx = 8$$

이고

$$\int_0^3 h(x)dx = \int_0^1 3x dx + \int_1^3 \{4g'(x)+4\}dx = \frac{3}{2} + 4\{g(3)-g(1)\} + 8 = \frac{11}{2}$$

이다. 구하는 정적분의 값은

$$\int_0^6 xh(x)dx = 2\times 8 + 3\times\frac{11}{2} = \frac{65}{2}$$

이다.

[1] $f(0)=0$ 이다. $s=x-t$라 놓으면 $\frac{ds}{dt}=-1$이고,

$$f(x)=\int_x^0 (x-s)se^s(-1)\,ds=\int_0^x (x-s)se^s\,ds=\int_0^x xse^s\,ds-\int_0^x s^2e^s ds.$$

$f(x)$를 x에 대하여 미분을 하면,

$$f'(x)=\frac{d}{dx}\left[x\int_0^x se^s\,ds-\int_0^x s^2e^s ds\right]=\int_0^x se^s\,ds+x^2e^x-x^2e^x=\int_0^x se^s\,ds$$

이고 $f'(0)=0$이다. $f'(x)$를 한번 더 x에 대하여 미분하면, $f''(x)=xe^x$ 이고 $f''(0)=0$이다.
함수의 오목과 볼록을 조사하기 위해서, $x<0$일 때 $f''(0)<0$이고 $x>0$일 때 $f''(0)>0$이다.
따라서, 열린구간 $(-\infty, 0)$에서 위로 볼록하고, 열린구간 $(0, \infty)$에서 아래로 볼록하다.
변곡점의 판정으로 $f''(0)=0$이고, $x=0$ 좌우에서 $f''(x)$의 부호가 달라졌기에
점 $(0, f(0))$은 주어진 곡선의 변곡점이다.

[2] $f(x)=xe^x\int_0^x te^{-t}dt-e^x\int_0^x t^2e^{-t}dt$. $A=xe^x\int_0^x te^{-t}dt$, $B=e^x\int_0^x t^2e^{-t}dt$ 라고 하자.

$$A=xe^x\int_0^x te^{-t}dt=xe^x\left\{[(-1)te^{-t}]_0^x-\int_0^x(-1)e^{-t}dt\right\}$$
$$=xe^x\left\{[(-1)te^{-t}]_0^x-\int_0^x(-1)e^{-t}dt\right\}$$
$$=xe^x\left(-xe^{-x}+\int_0^x e^{-t}dt\right)=xe^x(-xe^{-x}-e^{-x}+1)=-x^2-x+xe^x$$

$$B=e^x\int_0^x t^2e^{-t}dt=e^x\left\{[(-1)t^2e^{-t}]_0^x-\int_0^x(2t)(-1)e^{-t}dt\right\}$$
$$=e^x\left\{[(-1)t^2e^{-t}]_0^x-\int_0^x(2t)(-1)e^{-t}dt\right\}$$
$$=e^x\left(-x^2e^{-x}+2\int_0^x te^{-t}dt\right)$$
$$=e^x\left[-x^2e^{-x}+2\left\{[(-1)te^{-t}]_0^x+\int_0^x e^{-t}dt\right\}\right]$$
$$=e^x\left[-x^2e^{-x}+2(-xe^{-x}-e^{-x}+1)\right]=-x^2-2x-2+2e^x$$

따라서, $f(x)=(-x^2-x+xe^x)-(-x^2-2x-2+2e^x)=xe^x-2e^x+x+2$
$f'(x)=xe^x-e^x+1$이다.
곡선 $y=f(x)$위의 점 $(0, 0)$에서의 접선의 기울기는 $f'(0)=0$이므로 접선 l_1의 방정식은 $y=0$이다.
곡선 $y=f(x)$위의 점 $(2, 4)$에서의 접선의 기울기는 $f'(2)=e^2+1$이므로 접선 l_2의 방정식은
$y=(e^2+1)x-2(e^2-1)$이다.
$f(x)-\{(e^2+1)x-2(e^2-1)\}=xe^x-2e^x+x+2-(e^2+1)x+2(e^2-1)=(x-2)(e^x-e^2)\geq 0$
이므로 곡선 $f(x)$는 접선 l_2보다 항상 위에 있다.

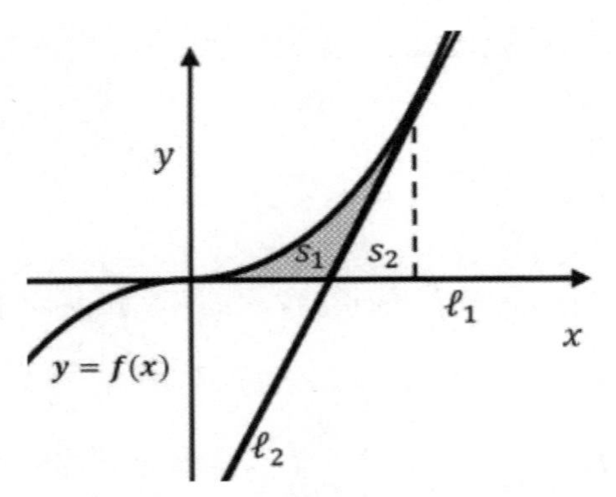

$$S_1+S_2=\int_0^2 f(x)dx=\int_0^2 (xe^x-2e^x+x+2)dx=\left[xe^x-3e^x+\frac{1}{2}x^2+2x\right]_0^2=9-e^2$$

l_2의 x절편이 $\dfrac{2(e^2-1)}{e^2+1}$이므로 삼각형 S_2의 넓이는

$$\left\{2-\frac{2(e^2-1)}{e^2+1}\right\}\times4\times\frac{1}{2}=4-\frac{4(e^2-1)}{e^2+1}$$

따라서 구하고자 하는 영역 S_1의 넓이는

$$\begin{aligned}(S_1+S_2)-S_2&=(9-e^2)-\left\{4-\frac{4(e^2-1)}{e^2+1}\right\}=5-e^2+\frac{4(e^2-1)}{e^2+1}\\&=9-e^2-\frac{8}{e^2+1}=\frac{-e^4+8e^2+1}{e^2+1}\end{aligned}$$

[3] 양변을 x에 대해 미분하면

$-e^{-x}\int_0^x g'(t)dt+e^{-x}g'(x)=e^{-x}g'(x)-\sin(2\pi x)-2\pi x\cos(2\pi x)$ 이다.

$g(0)=0$이고, $g(x)-g(0)=e^x\{\sin(2\pi x)+2\pi x\cos(2\pi x)\}$ 이므로

$g(x)=e^x\{\sin(2\pi x)+2\pi x\cos(2\pi x)\}$

모든 양의 실수 x에 대해 $\sin(2\pi x)\le 1$, $\cos(2\pi x)\le 1$이므로

$\sin(2\pi x)+2\pi x\cos(2\pi x)\le 1+2\pi x$이다.

그러므로 $g(x)=e^x\{\sin(2\pi x)+2\pi x\cos(2\pi x)\}\le e^x(1+2\pi x)$이다.

$$\begin{aligned}\int_0^{2023}g(x)dx\le\int_0^{2023}e^x(1+2\pi x)dx&=\int_0^{2023}e^x\,dx+2\pi\int_0^{2023}xe^x dx\\&=\left[e^x\right]_0^{2023}+2\pi\left(\left[xe^x\right]_0^{2023}-\int_0^{2023}e^x\,dx\right)\\&=4046\pi e^{2023}+(1-2\pi)(e^{2023}-1)\end{aligned}$$

$(1-2\pi)(e^{2023}-1)<0$이므로

$$\int_0^{2023}g(x)dx\le 4046\pi e^{2023}+(1-2\pi)(e^{2023}-1)<4046\pi e^{2023}$$

논제 37

[1] 제시문 [가]를 이용하면,

$$(1+a)^{n+1}=1+(n+1)a+\frac{(n+1)n}{2}a^2+\cdots+a^{n+1}>\frac{n^2}{2}a^2$$

이다. 따라서

$$0<\frac{n}{2^n}=\frac{2n}{(1+1)^{n+1}}<\frac{4n}{n^2}=\frac{4}{n}\to 0$$

이므로 제시문 [나]에 의하여

$$\lim_{n\to\infty}\frac{n}{2^n}=0$$

이다.

[2] 제시문 [다]와 [라]의 결과를 이용하면,

$$\sum_{k=1}^{n}kr^{k-1}=\frac{d}{dr}\left(\sum_{k=1}^{n}r^k\right)=\frac{d}{dr}\left(\frac{r-r^{n+1}}{1-r}\right)=\frac{1-(n+1)r^n+nr^{n+1}}{(1-r)^2}$$

이다. 여기서 $r=\frac{1}{2}$ 일 때, 제시문 [다]와 문제 **[1]**의 결과를 이용하면

$$\lim_{n\to\infty}\frac{1}{2^n}=\lim_{n\to\infty}\frac{n}{2^n}=0$$

이므로

$$\sum_{n=1}^{\infty}\frac{n}{2^n}=\lim_{n\to\infty}\frac{1}{2}\sum_{k=1}^{n}\frac{k}{2^{k-1}}=2$$

이다.

[3] 제시문 [다]와 [라]의 결과를 이용하면,

$$\sum_{k=1}^{n+1}\frac{r^k}{k}=\int_0^r\left(\sum_{k=1}^{n+1}t^{k-1}\right)dt=\int_0^r\left(\frac{1}{1-t}-\frac{t^{n+1}}{1-t}\right)dt=-\ln(1-r)-\int_0^r\frac{t^{n+1}}{1-t}dt$$

이다.

[4] 제시문 [마]에 의하여

$$0\le\int_0^{\frac{1}{2}}\frac{t^{n+1}}{1-t}dt\le\int_0^{\frac{1}{2}}\frac{\left(\frac{1}{2}\right)^{n+1}}{1-t}dt=\left(\frac{1}{2}\right)^{n+1}\int_0^{\frac{1}{2}}\frac{1}{1-t}dt=\left(\frac{1}{2}\right)^{n+1}\ln 2\to 0$$

이므로 제시문 [나]에 의하여

$$\lim_{n\to\infty}\int_0^{\frac{1}{2}}\frac{t^{n+1}}{1-t}dt=0$$

이다. [3] 의 결과를 이용하면

$$\sum_{n=1}^{\infty}\frac{1}{n2^n}=\ln 2$$

이다.

논제 38

$F(x)=x$, $G(x)=\dfrac{1}{(1+x^4)^{\frac{1}{4}}}$ 라 하면 $F'(x)=1$, $G'(x)=-\dfrac{x^3}{(1+x^4)^{\frac{5}{4}}}$ 이다.

부분적분법에 의해

$$\int_0^t \frac{1}{(1+x^4)^{\frac{1}{4}}}\,dx=\int_0^t F'(x)G(x)\,dx=\Big[F(x)G(x)\Big]_0^t-\int_0^t F(x)G'(x)\,dx$$

$$=\left[\frac{x}{(1+x^4)^{\frac{1}{4}}}\right]_0^t+\int_0^t \frac{x^4}{(1+x^4)^{\frac{5}{4}}}\,dx$$

따라서, 제시문 (ㄱ)의 함수는 다음과 같다.

$$f(t)=\int_0^t \frac{1}{(1+x^4)^{\frac{1}{4}}}\,dx-\int_0^t \frac{x^4}{(1+x^4)^{\frac{5}{4}}}\,dx$$

$$=\left[\frac{x}{(1+x^4)^{\frac{1}{4}}}\right]_0^t+\int_0^t \frac{x^4}{(1+x^4)^{\frac{5}{4}}}\,dx-\int_0^t \frac{x^4}{(1+x^4)^{\frac{5}{4}}}\,dx=\frac{t}{(1+t^4)^{\frac{1}{4}}}$$

$f(t)$ 가 $[0,\,1]$ 에서 $f(t)\geq 0$ 이므로 제시문 (ㄷ)의 s 는

$$s=\int_0^1 |\,v(t)\,|\,dt=\int_0^1 v(t)\,dt=\int_0^1 \frac{3t^3}{(1+t^4)^{\frac{1}{4}}}\,dt+\int_0^1 3t^2\,dt=\int_0^1 \frac{3t^3}{(1+t^4)^{\frac{1}{4}}}\,dt+1$$

위의 적분에서 $u=1+t^4$ 로 치환하면 치환적분법에 의해서

$$\int_0^1 \frac{3t^3}{(1+t^4)^{\frac{1}{4}}}\,dt=\frac{3}{4}\int_1^2 u^{-\frac{1}{4}}\,du=\left[u^{\frac{3}{4}}\right]_1^2=2^{\frac{3}{4}}-1$$

이므로

$$s=\int_0^1 \frac{3t^3}{(1+t^4)^{\frac{1}{4}}}\,dt+1=2^{\frac{3}{4}}.$$

따라서 $s^4=8$ 이다.

[1] 두 번째 항인 $\int_0^x \{1+(f'(t))^4\}^{\frac{1}{4}}dt$ 에 대해 치환적분 $t=g(s)$ 를 적용하자. $f(x)$ 가 증가함수이므로 역함수 $g(x)$ 도 증가함수이고, 따라서 $g'(x)>0$ 이다. 또한, $f(0)=0$ 이므로

$$\int_0^x \{1+(f'(t))^4\}^{\frac{1}{4}}dt = \int_0^{f(x)} \left\{1+\left(\frac{1}{g'(s)}\right)^4\right\}^{\frac{1}{4}} g'(s)ds = \int_0^{f(x)} \{1+(g'(s))^4\}^{\frac{1}{4}}ds$$

를 얻는다. 따라서,

$$h(x) = \int_0^x \{1+(g'(t))^4\}^{\frac{1}{4}}dt - \int_0^{f(x)} \{1+(g'(t))^4\}^{\frac{1}{4}}dt = \int_{f(x)}^x \{1+(g'(t))^4\}^{\frac{1}{4}}dt$$

임을 알 수 있다. $h(\alpha)=0$ 을 만족하는 양의 실수 α 에 대하여,

$f(\alpha)<\alpha$ 이면 $h(\alpha)=\int_{f(\alpha)}^{\alpha} \{1+(g'(t))^4\}^{\frac{1}{4}}dt \geq \int_{f(\alpha)}^{\alpha} 1dt = \alpha - f(\alpha)$ 이므로 모순이다.

만약 $f(\alpha)>\alpha$ 이면 $h(\alpha) = -\int_{\alpha}^{f(\alpha)} \{1+(g'(t))^4\}^{\frac{1}{4}}dt \leq -\int_{\alpha}^{f(\alpha)} 1dt = -\{f(\alpha)-\alpha\}<0$ 이므로 모순이다. 따라서 $f(\alpha)=\alpha$ 임을 알 수 있다.

[2] $h(x)=\int_0^x \{1+(g'(t))^4\}^{\frac{1}{4}}dt - \int_0^x \{1+(f'(t))^4\}^{\frac{1}{4}}dt$ 이므로,

$h'(x)=\{1+(g'(x))^4\}^{\frac{1}{4}} - \{1+(f'(x))^4\}^{\frac{1}{4}}$ 이고,

$h''(x)=\{1+(g'(x))^4\}^{-\frac{3}{4}}(g'(x))^3 g''(x) - \{1+(f'(x))^4\}^{-\frac{3}{4}}(f'(x))^3 f''(x)$

이다. 우선, $h(\beta)=0$ 으로 부터 $f(\beta)=\beta=g(\beta)$ 임을 알 수 있다.

$h'(\beta)=\{1+(g'(\beta))^4\}^{\frac{1}{4}} - \{1+(f'(\beta))^4\}^{\frac{1}{4}}=0$ 으로부터 $f'(\beta)=g'(\beta)$ 를 알 수 있고, 역함수의 도함수 성질로부터 $g'(\beta)=\frac{1}{f'(\beta)}$ 임을 알 수 있다. 따라서 $f'(\beta)=g'(\beta)=1$ 을 얻는다. 또한, $g(x)$ 는 $f(x)$ 의 역함수이므로 모든 실수 x 에 대해 $f(g(x))=x$ 가 성립하고, 양변의 이계도함수를 계산하면 $f''(g(x))(g'(x))^2+f'(g(x))g''(x)=0$ 을 얻는다. 여기에 $x=\beta$ 를 대입하여 $g''(\beta)=-f''(\beta)$ 를 얻을 수 있다. 한편 $h''(\beta)=-2^{\frac{9}{4}}$ 이므로,

$$\begin{aligned}-2^{\frac{9}{4}} = h''(\beta) &= \{1+(g'(\beta))^4\}^{-\frac{3}{4}}(g'(\beta))^3 g''(\beta) - \{1+(f'(\beta))^4\}^{-\frac{3}{4}}(f'(\beta))^3 f''(\beta) \\ &= -2\times 2^{-\frac{3}{4}} f''(\beta)\end{aligned}$$

임을 알 수 있다. 이로부터 $f''(\beta)=4$ 를 얻는다.

[3] 위에서 구한 식 $h(x)=\int_{f(x)}^{x}\{1+(g'(t))^4\}^{\frac{1}{4}}dt$ 를 이용하자. 임의의 실수 t 에 대해 $g'(t)>0$ 이므로

$(g'(t))^4 \le 1+(g'(t))^4 \le (1+g'(t))^4$ 가 성립한다.

따라서 임의의 실수 t 에 대해 $g'(t) \le \{1+(g'(t))^4\}^{\frac{1}{4}} \le 1+g'(t)$ 가 성립하고,

이로부터 $x \ge f(x)$ 인 경우 $\int_{f(x)}^{x} g'(t)dt \le h(x)=\int_{f(x)}^{x}\{1+(g'(t))^4\}^{\frac{1}{4}}dt \le \int_{f(x)}^{x}(1+g'(t))dt$ 이다.

한편, $\int_{f(x)}^{x} g'(t)dt = g(x)-g(f(x))=g(x)-x$,

$\int_{f(x)}^{x}(1+g'(t))\,dt=\{x-f(x)\}+\{g(x)-g(f(x))\}=g(x)-f(x)$ 이므로, 부등식

$$0 \le h(x)-g(x)+x \le x-f(x) \quad \text{--- (*)}$$

가 성립한다. $x<f(x)$ 인 경우는

$-\int_{x}^{f(x)}(1+g'(t))dt \le h(x)=-\int_{x}^{f(x)}\{1+(g'(t))^4\}^{\frac{1}{4}}dt \le -\int_{x}^{f(x)}g'(t)dt$ 로부터 부등식

$$x-f(x) \le h(x)-g(x)+x \le 0 \quad \text{--- (**)}$$

가 성립함을 얻는다. 그러므로, 부등식 (*), (**)에 의해

임의의 양의 실수 x 에 대하여

$$0 \le \left|\frac{h(x)}{x}-\frac{g(x)}{x}+1\right| \le \left|1-\frac{f(x)}{x}\right|$$

을 얻고, 조건의 $\lim_{x\to\infty}\frac{f(x)}{x}=1$ 로부터 $\lim_{x\to\infty}\left(\frac{h(x)}{x}-\frac{g(x)}{x}+1\right)=0$ 임을 알 수 있다.

한편, $\lim_{x\to\infty}f(x)=\lim_{x\to\infty}\left\{\frac{f(x)}{x}\times x\right\}=\infty$ 으로부터 $x=f(s)$일 때 $x\to\infty$ 이면 $s\to\infty$ 임을 알 수 있으므로,

$\lim_{x\to\infty}\frac{g(x)}{x}=\lim_{s\to\infty}\frac{s}{f(s)}=1$ 이다. 따라서 $\lim_{x\to\infty}\frac{h(x)}{x}=\lim_{x\to\infty}\left(\frac{g(x)}{x}-1\right)=0$ 임을 알 수 있다.

논제 40

[1] $g(x)=x-1-\ln x$로 두면 $g'(x)=1-\dfrac{1}{x}$이므로 제시문 (가)에 의하여 $x<1$일 때 $g(x)$는 감소하고, $x>1$일 때, $g(x)$는 증가한다. 따라서 $g(x)\geq g(1)=0$이다. 즉 모든 양수 x에 대하여 $\ln x\leq x-1$이다. 그러므로 $a\ln\dfrac{b}{a}\leq a\left(\dfrac{b}{a}-1\right)=b-a$이다.

[다른 풀이] 곡선 $y=\ln x$ 위의 점 $(1,0)$에서 접선의 방정식은 $y=x-1$이므로 모든 양수 x에 대하여 $\ln x\leq x-1$이다. 따라서 $a\ln\dfrac{b}{a}\leq a\left(\dfrac{b}{a}-1\right)=b-a$이다.

[2] $\ln(x+1)$은 증가하므로 $k=0,1,2,\cdots,n-1$일 때

구간 $\left[\dfrac{k}{n},\dfrac{2k+1}{2n}\right]$에서 $\sin(2n\pi x)\ln(x+1)\leq\sin(2n\pi x)\ln\left(\dfrac{2k+1}{2n}+1\right)$,

구간 $\left[\dfrac{2k+1}{2n},\dfrac{k+1}{n}\right]$에서 $\sin(2n\pi x)\ln(x+1)\leq\sin(2n\pi x)\ln\left(\dfrac{2k+1}{2n}+1\right)$

이다. 그러므로 구간 $\left[\dfrac{k}{n},\dfrac{k+1}{n}\right]$에서

$$\sin(2n\pi x)\ln(x+1)\leq\sin(2n\pi x)\ln\left(\frac{2k+1}{2n}+1\right)$$

이고 제시문 (다)에 의하여

$$\int_{\frac{k}{n}}^{\frac{k+1}{n}}\sin(2n\pi x)\ln(x+1)dx\leq\ln\left(\frac{2k+1}{2n}+1\right)\int_{\frac{k}{n}}^{\frac{k+1}{n}}\sin(2n\pi x)\,dx=0$$

이다. 따라서 $\displaystyle\int_0^1\sin(2n\pi x)\ln(1+x)dx=\sum_{k=0}^{n-1}\int_{\frac{k}{n}}^{\frac{k+1}{n}}\sin(2n\pi x)\ln(x+1)dx\leq0$이다.

[3] [1]의 결과를 이용하면 $f(x)\ln\dfrac{x+1}{f(x)}\leq x+1-f(x)$임을 알 수 있다. 그러므로

$$f(x)\ln f(x)\geq f(x)\ln(x+1)+f(x)-x-1$$

이다. 제시문 (다)에 의하여

$$\int_0^1 f(x)\ln f(x)dx\geq\int_0^1\{(x-\sin(2n\pi x)+1)\ln(x+1)+f(x)-x-1\}dx$$

이다. [2]의 결과와

$$\int_0^1 f(x)dx=\int_0^1(x+1)dx,\ \int_0^1(x+1)\ln(x+1)dx=\ln4-\frac{3}{4}$$

임을 이용하면 $\displaystyle\int_0^1 f(x)\ln f(x)dx\geq\ln4-\frac{3}{4}$임을 안다.

Show and Prove

기대T 수리논술 수업 상세안내

수업명	수업 상세안내 (지난 수업 영상수강 가능)
정규반 프리시즌 (2월)	- 수리논술만의 특징인 '답안작성 능력'과 '증명 능력'을 향상시키는 수업 - 수험생은 물론 강사들도 가진 '증명구조 오개념'을 확실히 타파해주는 수학전공자의 수업 - '뭐든 적어내면 부분점수'는 옛말! 단계별 채점원리 및 정제된 논리 전개법 전수
정규반 시즌1 (3월)	- 수능/내신 공부와 다른 수리논술 공부의 결 & 방향성을 잡아주는 수업 - 삼각함수 & 수열의 콜라보 등 논술형 발전성을 체감해볼 수 있는 실전 내용 수업
정규반 시즌2 (4~5월)	- 수리논술에서 60% 이상의 비중을 차지하는 수리논술용 미적분을 집중 해석하는 수업 - 수리논술에도 존재하는 행동영역을 통해 고난도 문제의 체감 난이도를 낮춰주는 수업 - 대학의 모범답안을 보고도 '이런 아이디어를 내가 어떻게 생각해내지?' 라는 생각이 드는 학생들도 납득 가능하고 감탄할만한 문제접근법을 제시해주는 수업
정규반 시즌3 (6~7월)	- 상위권 대학의 합격 당락을 가르는 고난도 주제들을 총정리하는 수업 - 아래 학교의 수리논술 합격을 바라는 학생들이라면 강추 (메디컬, 고려, 연세, 한양, 서강, 서울시립, 경희, 이화, 숙명, 세종, 서울과기대, 인하)
선택과목 특강 (선택확통+선택기하)	- 수능/내신의 빈출 Point와의 괴리감이 제일 큰 두 과목인 확통/기하의 내용을 철저히 수리논술 빈출 Point에 맞게 피팅하여 다루는 Compact 강의 (영상수강 전용 강의) - 총 6강 (확통/기하 3강씩) 으로 구성된 실전+심화 수업 (교과서 개념 선제적 학습 필요) - 상위권 학교 지원자들은 꼭 알아야 하는 필수내용 / 6월 또는 7월 내로 완강 추천
Semi Final (8월)	- 본인에게 유리한 출제 스타일인 학교를 탐색하여 원서지원부터 이기고 들어갈 수 있도록 태어난 새로운 수업 (모든 대학을 출제유형별로 A그룹~D그룹으로 분류 후 분석) - 최신기출 (작년 기출+올해 모의) 중 주요문항 선별 통해 주요대학 최근출제경향 파악
고난도 문제풀이반 For 메디컬/고/연/서성한시	- 2월~8월 사이 배운 모든 수리논술 실전개념들을 고난도 문제에 적용해보는 수업 - 전형적인 고난도 문제부터 출제될 시 경쟁자와 차별될 수 있는 창의적 신유형 문제까지 다양하게 만나볼 수 있는 수업
학교별 Final (수능전 / 수능후)	- 학교별로 고유 출제스타일에 맞는 문제들만 정조준하여 분석하는 Final 수업 - 빈출주제 특강 + 예상문제 모의고사 응시 후 해설 & 첨삭 - 고승률 문제접근 Tip을 파악하기 쉽도록 기출선별자료집 제공 (학교별 상이)
첨삭	수업형태 (현장강의 수강, 온라인 수강) 상관없이 모든 학생들에게 첨삭이 제공됩니다. 1차 서면첨삭 후 학생이 첨삭내용을 제대로 이해했는지 확인하기 위해, 답안을 재작성하여 2차 대면첨삭영상을 추가로 제공받을 수 있습니다. 이를 통해 학생은 6~10번 이내에 합격급으로 논리적인 답안을 쓸 수 있게 되며, 이후에는 문제풀이 Idea 흡수에 매진하면 됩니다.

* 자세한 안내사항은 아래 QR코드 참고

Show and Prove

3

수리논술을 위한
Advanced 미적분 & Advanced Theme

기대T의 Real 실전모범답안

Show and Prove

기대T의 Real 실전모범답안

대치동 현장강의 / 영상수강 비대면강의 수강생들이 수업자료로 받고 있는 Real 모범답안 자료입니다.
문제풀이 방향성의 이해에 중점을 둬서 해설을 작성했다면, 이 답안은 100% 합격할 수 있는 최우수 모범답안입니다.
'해설 또는 대학예시답안'과 'Real 모범답안'의 작성방법이나 논리의 차이를 느껴보는 것만으로도 셀프첨삭효과를 누릴 수 있습니다.

chp. 1	[논제5] 2020 인하대 메디컬	실전답안 ☑ 학생첨삭답안 □

(1) $(a^2+1)(b^2+1)=(ab-1)^2+(a+b)^2$

$$\le\left\{\left(\frac{a+b}{2}\right)^2-1\right\}^2+(a+b)^2 \quad (\because (가),\ ab\ge1)$$

$$=\left\{\left(\frac{a+b}{2}\right)^2+1\right\}^2$$

∴주어진 부등식이 성립한다.

(2) 일반성을 잃지 않고 $a\le b\le c$라 하자.

$$cd=\frac{ac+bc+c^2}{3}>\frac{1+1+1}{3}=1,$$

$$\left(\frac{a+b}{2}\right)\left(\frac{c+d}{2}\right)=\frac{ac+bc+(a+b)d}{4}$$

$$>\frac{1}{4}\left[1+1+\frac{1}{3}\{(a+b)^2+(a+b)c\}\right]$$

$$\ge\frac{1}{4}\left\{2+\frac{1}{3}(4ab+2)\right\}\quad(\because (가),\ ac,bc\ge1)$$

$$\ge\frac{1}{4}\left\{2+\frac{1}{3}(4+2)\right\}=1$$

$$\therefore\left[\left\{\left(\frac{a+b}{2}\right)^2+1\right\}\left\{\left(\frac{c+d}{2}\right)^2+1\right\}\right]^2\le\left[\left\{\frac{\left(\frac{a+b}{2}\right)^2+\left(\frac{c+d}{2}\right)^2+2}{2}\right\}^2+1\right]^4 \text{ — ㉠}$$

한편, $ab, cd\ge1$이므로

$(a^2+1)(b^2+1)\le\left\{\left(\frac{a+b}{2}\right)^2+1\right\}^2$

$\times\ (c^2+1)(d^2+1)\le\left\{\left(\frac{c+d}{2}\right)^2+1\right\}^2$ 이 성립.

양변을 곱하면 $(a^2+1)(b^2+1)(c^2+1)(d^2+1)\le\left\{\left(\frac{a+b}{2}\right)^2+1\right\}^2\left\{\left(\frac{c+d}{2}\right)^2+1\right\}^2$

$$\le\left[\left\{\left(\frac{a+b+c+d}{4}\right)^2+1\right\}^2\right]^2\quad(\because ㉠)$$

$$\Rightarrow(a^2+1)(b^2+1)(c^2+1)\le(d^2+1)^3\quad\left(\because\frac{a+b+c}{3}=d\right)$$

∴주어진 부등식이 성립한다.

<다음장 이어서>

(3) 수학적 귀납법을 통해 주어진 부등식이 성립함을 보이자.

i) $n=2$일때 : 3-(1)에 의해 성립.

ii) $n=k$일때

부등식 $(a_1^2+1)\cdots(a_k^2+1)\le(A_k^2+1)^k$ $\left(A_k=\dfrac{a_1+\cdots+a_k}{k}\right)$ — ① 이 성립한다고 가정하자.

일반성을 잃지 않고 a_{k+1}이 $a_1, \cdots, a_{k+1}$ 중 가장 큰 수라 할 때, $a_{k+1}\ge1$ 이므로

$a_{k+1}A_{k+1}=\dfrac{a_1a_{k+1}+\cdots+a_{k+1}^2}{k+1}\ge\dfrac{1\times k+1^2}{k+1}=1$, $(A_{k+1})^2\ge1$이 성립함을 알수 있다.

a_{k+1} 1개, A_{k+1} $(k-1)$개에 대하여 부등식 ①을 적용시키자.

$\therefore (a_{k+1}^2+1)(A_{k+1}^2+1)^{k-1}\le\left\{\left(\dfrac{a_{k+1}+(k-1)A_{k+1}}{k}\right)^2+1\right\}^k$ — ② 성립.

$$\begin{aligned}\therefore(a_1^2+1)\cdots(a_{k+1}^2+1)(A_{k+1}^2+1)^{k-1}&=(a_1^2+1)\cdots(a_k^2+1)(a_{k+1}^2+1)(A_{k+1}^2+1)^{k-1}\\&\le(A_{k+1}^2+1)^k(a_{k+1}^2+1)(A_{k+1}^2+1)^{k-1}\ (\because ①)\\&\le(A_{k+1}^2+1)^k\left\{\left(\frac{a_{k+1}+(k-1)A_{k+1}}{k}\right)^2+1\right\}^k\ (\because ②)\\&=\left[(A_k^2+1)\left\{\left(\frac{a_{k+1}+(k-1)A_{k+1}}{k}\right)^2+1\right\}\right]^k\\&\le(A_{k+1}^2+1)^{2k}\end{aligned}$$

($\because$ $n=2$일 때 부등식 성립하므로 $(A_k^2+1)\left\{\left(\dfrac{a_{k+1}+(k-1)A_{k+1}}{k}\right)^2+1\right\}\le(A_{k+1}^2+1)^2$)

$\therefore (a_1^2+1)\cdots(a_{k+1}^2+1)\le(A_{k+1}^2+1)^{k+1}$ 이 성립하므로 $n=k+1$일 때도 성립.

따라서 수학적 귀납법에 의해 주어진 부등식이 성립한다.

(1) $f(x)=mx+n\ (m\neq 0)$이라 두자.

$(mxy+n)^2=(mx^2+n)(my^2+n)$

$\Rightarrow 2mnxy=mn(x^2+y^2)$

$\Rightarrow mn(2xy-x^2-y^2)=0$

$\therefore n=0\ (\because m\neq 0)$

$\therefore f(x)=mx\ (m\neq 0)$ 꼴의 모든 일차함수가 위 조건을 만족한다.

(2) $g(x)=ax^k+f(x)\ (a\neq 0)$가 위 조건을 만족한다고 가정하자.

$(ax^ky^k+f(xy))^2=(ax^{2k}+f(x^2))(ay^{2k}+f(y^2))$

$\Rightarrow 2x^ky^kf(xy)=x^{2k}f(y^2)+y^{2k}f(x^2)$

$\Rightarrow 4x^{2k}y^{2k}\{f(xy)\}^2=\{x^{2k}f(y^2)+y^{2k}f(x^2)\}^2$

$\Rightarrow \{x^{2k}f(y^2)-y^{2k}f(x^2)\}=0$

$\therefore x^{2k}f(y^2)=y^{2k}f(x^2)$ — ①

한편, $f(x)$는 $k-1\ (k\geq 2)$차 함수이므로 $f(p)\neq 0$인 p가 반드시 존재한다.

$f(p)\neq 0$인 p를 ①에 대입하면 $p^{2k}\cdot f(y^2)=y^{2k}f(p^2)$

이때 좌변은 $2k-2$차 함수이고 우변은 $2k$차 함수이므로 모순이다.

$\therefore$ 귀류법에 의해 조건을 만족하는 $ax^k+f(x)$꼴의 k차 함수는 존재하지 않는다.

(3) $\{f(xy)\}^2=f(x^2)f(y^2)$

$y=0\rightarrow \{f(0)\}^2=f(x^2)f(0)$

$\therefore f(0)=0\ (\because f(0)\neq 0$ 이면 $f(x)$는 상수함수이므로 문제 조건에 위배)

$f(x)=x^m f_1(x)\ (f_1(0)\neq 0)$라 두자.

$(xy)^{2m}\cdot\{f_1(xy)\}^2=x^{2m}f_1(x^2)\cdot y^{2m}f_1(y^2)$

$\Rightarrow \{f_1(xy)\}^2=f_1(x^2)f_1(y^2)$

$y=0\rightarrow \{f_1(0)\}^2=f_1(x^2)f_1(0)$

$f_1(0)\neq 0$ 이므로 $f_1(x^2)=f_1(0)$인 상수함수이고 $f(x)=k\cdot x^m$이라 둘 수 있다.

$\therefore f(x)=2019x^m\ (\because f(1)=2019)$

(1) (가)에서 주어진 항등식에 $f(x)=x+k$를 대입하자.

$\Rightarrow x+k=\int_0^x \sqrt{k-2}\,dt+x+2=(\sqrt{k-2}+1)x+2$

$\therefore \sqrt{k-2}+1=1$ $\therefore k=2$

(2) (가)에서 주어진 항등식의 양변을 미분하면 $f'(x)-1=\sqrt{f(x)-x-2}$ — ①

이때 (나)에 의해 $f(x)-x-2>0$ 이므로

$\dfrac{f'(x)-1}{\sqrt{f(x)-x-2}}=1$

$\Rightarrow 2\sqrt{f(x)-x-2}=x+C$

$\Rightarrow 2\sqrt{f(x)-x-2}=x-2\ (\because f(4)=7)$

$\therefore f(x)=\frac{1}{4}x^2+3$

(3) 임의의 실수 x에 대하여 (가)에 의해 $f(x)\ge x+2$, ①에 의해 $f'(x)\ge 1$이 성립한다.

$0<\alpha<2$인 α에 대해 $f(\alpha)>\alpha+2$인 α가 존재한다고 가정하자.

$f(\alpha)>\alpha+2$인 α가 존재한다고 할 때 평균값의 정리에 의해 $f'(c)=\dfrac{f(2)-f(\alpha)}{2-\alpha}=\dfrac{4-f(\alpha)}{2-\alpha}$를 만족하는 c가 구간 $(\alpha, 2)$에 존재한다.

이때, $\dfrac{4-f(\alpha)}{2-\alpha}<\dfrac{4-(\alpha+2)}{2-\alpha}=\dfrac{2-\alpha}{2-\alpha}=1$ 이므로 $f'(c)<1$ 이어야 하는데 이는 ①에 의해 $f'(x)\ge 1$ 이어야하는 조건과 모순이다.

따라서 귀류법에 의하여 $0<x<2$에서 $f(x)\le x+2$ 이고, (가)에서 $f(x)\ge x+2$를 만족해야하므로 $f(x)=x+2\ (0<x<2)$ 이다.

$\therefore f(1)=3.$

chp. 3 | [논제 13] 2023 경북대 메디컬 | 실전답안 ☑ 학생첨삭답안 □

(1) $f(x+y)=2023^{y}\cdot f(x)+2023^{x}\cdot f(y)$

$\Rightarrow 2023^{-(x+y)}\cdot f(x+y)=\underline{2023^{-x}\cdot f(x)}+2023^{-y}\cdot f(y)$

$h_1(x)$라 두자.

$\Rightarrow h_1(x+y)=h_1(x)+h_1(y)$

$\Rightarrow \lim_{y\to 0}\frac{h_1(x+y)-h_1(x)}{y}=\lim_{y\to 0}\frac{h_1(y)}{y}$

$\Rightarrow h_1'(x)=h_1'(0)$ ($\because$ 조건(1)에 $x=y=0$을 대입하면 $f(0)=f(0)+f(0)$ 이므로 $f(0)=0$, $h_1(0)=0$)

$\therefore 2023^{-x}\cdot f'(x)+\ln 2023\cdot 2023^{-x}\cdot f(x)=f'(0)$

$\Leftrightarrow f'(x)-\ln 2023\cdot f(x)=2023^{x}\cdot f'(0)$

$\therefore f'(x)-\ln 2023\cdot f(x)=2023^{x}\cdot f'(0)$ 성립.

(2) (1)에 의해 $f'(x)-\ln 2023\cdot f(x)=2023^{x}\cdot f'(0)$ 성립.

$\Rightarrow 2023^{-x}\cdot f(x)=f'(0)x+C$

$\Rightarrow 2023^{-x}\cdot f(x)=f'(0)x$ ($\because f(0)=0$)

$\Rightarrow 2023^{-2023}\cdot f(2023)=f'(0)\cdot 2023$ ($x=2023$ 대입)

$\therefore f'(0)=2023^{-2023}$

$\therefore f(x)=2023^{x-2023}x$

(3) $g(x+y)=2023^{xy(2x^2+3xy+2y^2)}\cdot g(x)\cdot g(y)$

$\Rightarrow \log_{2023}g(x+y)=xy(2x^2+3xy+2y^2)+\log_{2023}g(x)+\log_{2023}g(y)$

$\Rightarrow \log_{2023}g(x+y)=\frac{(x+y)^4-x^4-y^4}{2}+\log_{2023}g(x)+\log_{2023}g(y)$

$\Rightarrow \log_{2023}g(x+y)-\frac{(x+y)^4}{2}=\underline{\log_{2023}g(x)-\frac{x^4}{2}}+\log_{2023}g(y)-\frac{y^4}{2}$

$h_2(x)$라 두자.

$\Rightarrow h_2(x+y)=h_2(x)+h_2(y)$

$\Rightarrow \lim_{y\to 0}\frac{h_2(x+y)-h_2(x)}{y}=\lim_{y\to 0}\frac{h_2(y)}{y}$

$\Rightarrow h_2'(x)=h_2'(0)$ ($\because g(0)=1$, $h_2(0)=0$)

$\therefore h_2'(x)=h_2'(0)$이므로 $h_2'(x)$는 상수함수.

$\therefore h_2(x)=\frac{1-\frac{2023^4}{2}}{2023-0}x$ ($\because h_2(0)=0$, $h_2(2023)=1-\frac{2023^4}{2}$)

$=\log_{2023}g(x)-\frac{x^4}{2}$

$\therefore g(x)=2023^{\frac{x^4-2023^3x}{2}+\frac{x}{2023}}$

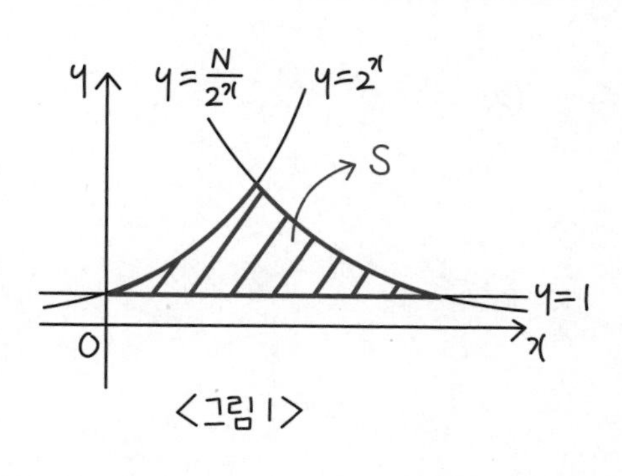

<그림1>

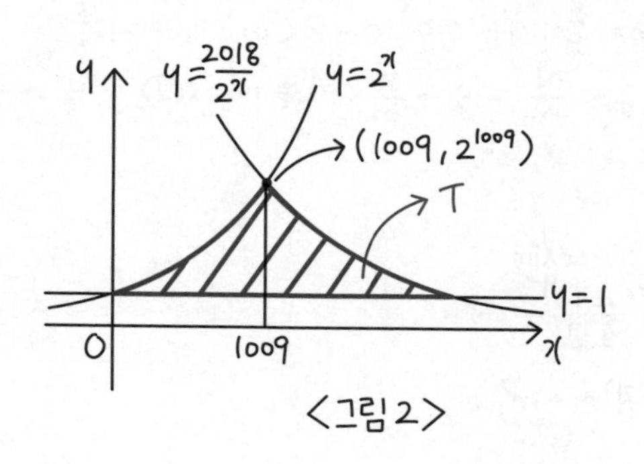

<그림2>

<그림1>과 같이 $y \geq 1$, $y \leq 2^x$, $y \leq \frac{N}{2^x}$ 에 해당하는 영역을 S라고 하자.
$1 \leq n \leq N$을 만족하는 자연수 n에 대하여 조건 (1), (2)를 모두 만족시키는 임의의 점 (p, q) (p, q는 자연수)는 모두 영역 S에 포함되고, 반대로 영역 S에 속하는 임의의 점 (r, s) (r, s는 자연수)가 조건 (1), (2)를 모두 만족하므로 $\sum_{k=1}^{N} a_k$는 영역 S에 포함되는 좌표가 자연수인 모든 점들의 개수와 같다.

$\sum_{k=1}^{N} a_k$를 구하자.
<그림2>에서 영역 T에 포함되는 점들의 개수는 $2\times(2^1+2^2+\cdots+2^{1008})+2^{1009}$ 이다.
이때, 문제의 조건에 해당하는 점들의 개수를 구하려면 영역 T에 포함되는 점들 중 $y=\frac{2018}{2^x}$ 위의 점들은 제외시켜야 한다.

$$\therefore \sum_{k=1}^{2^{2018}-1} a_k = 2\times(2^1+\cdots+2^{1008})+2^{1009}-1009$$
$$= 3\cdot 2^{1009}-1013$$

$\therefore 3\cdot 2^{1009}-1013$

(1) $N = m \cdot q + r$ (q는 음이 아닌 정수, $0 \le r < m$)이라 하자.

$0 \le \frac{r}{m} < 1$ 이므로 $q \le \frac{N}{m} = q + \frac{r}{m} < q+1 \cdots ①$, $q = \frac{N-r}{m} \cdots ②$

$$\sum_{k=1}^{m} a_k \le N$$

$$\Rightarrow \frac{m(2a_1+(m-1))}{2} \le N$$

$$\Rightarrow a_1 \le \frac{1}{2m}(2N+m-m^2)$$

$$= \frac{N}{m} - \frac{1}{2}(m-1)$$

m은 홀수이므로 $\frac{1}{2}(m-1)$은 자연수이고, 이때 ①에 의해 가능한 a_1은 $1, \cdots, q+\frac{1}{2}(1-m)$이다.

$$\therefore g_N(m) = q + \frac{1}{2}(1-m)$$

$$= \frac{N-r}{m} - \frac{m-1}{2} \ (\because ②)$$

$$\therefore g_N(m) = \frac{N-r}{m} - \frac{m-1}{2}$$

(2) 200을 19이하의 홀수로 나눈 나머지들을 구해보자.

m	1	3	5	7	9	11	13	15	17	19
r_m	0	2	0	4	2	2	5	5	13	10

$$\therefore \sum_{k=1}^{10} r_{2k-1} = 43 \text{ — ㉠}$$

한편, $1+\cdots+m \le 200$을 만족하는 홀수 m의 범위는 $m \le 19$이므로 $\sum_{N=1}^{200} f(N)$은 $m \le 19$인 홀수 m에 대하여 $m \cdot g_{200}(m)$의 값을 모두 더한것과 같다.

$$\therefore \sum_{N=1}^{200} f(N) = \sum_{k=1}^{10} (2k-1) \cdot g_{200}(2k-1)$$

$$= \sum_{k=1}^{10} \left(200 - r_{2k-1} - \left(\frac{2k-2}{2}\right) \cdot (2k-1)\right) \left(\because g_{200}(2k-1) = \frac{200 - r_{2k-1}}{2k-1} - \frac{2k-2}{2}\right)$$

$$= \sum_{k=1}^{10} (1190 - r_{2k-1} - 2k^2 + 3k)$$

$$= 1342 \ (\because ㉠)$$

$\therefore 1342$

(1)-(a)

$y=\ln(1+x)$는 원점O를 지나는 위로 볼록한 함수이므로 두 점 $A\left(\frac{1}{n+1}, \ln\left(1+\frac{1}{n+1}\right)\right)$, $B\left(\frac{1}{n}, \ln\left(1+\frac{1}{n}\right)\right)$에 대하여 직선 OA의 기울기가 직선 OB의 기울기보다 크다.

$$\therefore \frac{\ln\left(1+\frac{1}{n+1}\right)}{\frac{1}{n+1}} > \frac{\ln\left(1+\frac{1}{n}\right)}{\frac{1}{n}}$$

$$\Rightarrow \ln\left(1+\frac{1}{n+1}\right)^{\frac{1}{n+1}} > \ln\left(1+\frac{1}{n}\right)^{\frac{1}{n}}$$

$$\Rightarrow \ln a_{n+1} > \ln a_n$$

$$\Rightarrow a_{n+1} > a_n$$

$$\therefore a_{n+1} > a_n$$

(1)-(b)

$$x_1+\cdots+x_n+x_{n+1} = \left(1+\frac{1}{n}\right)\times n + 1\times 1 \geq (n+1)\cdot\sqrt[n+1]{\left(1+\frac{1}{n}\right)^n\cdot 1}$$

$$\Rightarrow n+2 \geq (n+1)\cdot\sqrt[n+1]{\left(1+\frac{1}{n}\right)^n\cdot 1}$$

$$\Rightarrow \left(\frac{n+2}{n+1}\right)^{n+1} \geq \left(1+\frac{1}{n}\right)^n$$

$$\Rightarrow \left(1+\frac{1}{n+1}\right)^{n+1} \geq \left(1+\frac{1}{n}\right)^n$$

$$\Rightarrow a_{n+1} \geq a_n$$

이때, 등호가 성립하려면 $1+\frac{1}{n}=1$을 만족해야 하는데 이를 만족하는 자연수 n은 존재하지 않으므로 등호는 성립하지 않는다.

$$\therefore a_{n+1} > a_n$$

(2) $\frac{1}{p}+\frac{1}{q}=1 \Rightarrow \frac{q}{p}+1=q$ — ㉠

$$\left(1+\frac{1}{n}\right)^n\left(\frac{1}{p}\right)^q \leq \left(\frac{\left(1+\frac{1}{n}\right)\times n+\frac{1}{p}\times q}{n+q}\right)^{n+q}$$

$$=\left(\frac{n+1+\frac{q}{p}}{n+q}\right)^{n+q}$$

$$=\left(\frac{n+q}{n+q}\right)^{n+q} \quad (\because ㉠)$$

$$=1$$

$\therefore \left(1+\frac{1}{n}\right)^n \leq p^q$ 성립.

chp. 실전답안 □ 학생첨삭답안 □